Paolo E. Balboni
Maria Voltolina

GEOGRAFIA D'ITALIA PER STRANIERI

Stampa
Guerra guru s.r.l. - Perugia

I edizione

ISBN 88-7715-768-2

Guerra Edizioni
via Aldo Manna, 25
Perugia (Italia)
tel. +39 075 5289090
fax +39 075 5288244
geinfo@guerra-edizioni.com
www.guerra-edizioni.com

Progetto grafico
salt & pepper_perugia

Foto copertina
© Dante Bartoloni:
Alpi, gruppo delle Dolomiti

Illustrazioni
Arianna Panucci

Paolo E. Balboni
Maria Voltolina

GEOGRAFIA D'ITALIA PER STRANIERI

Guerra Edizioni

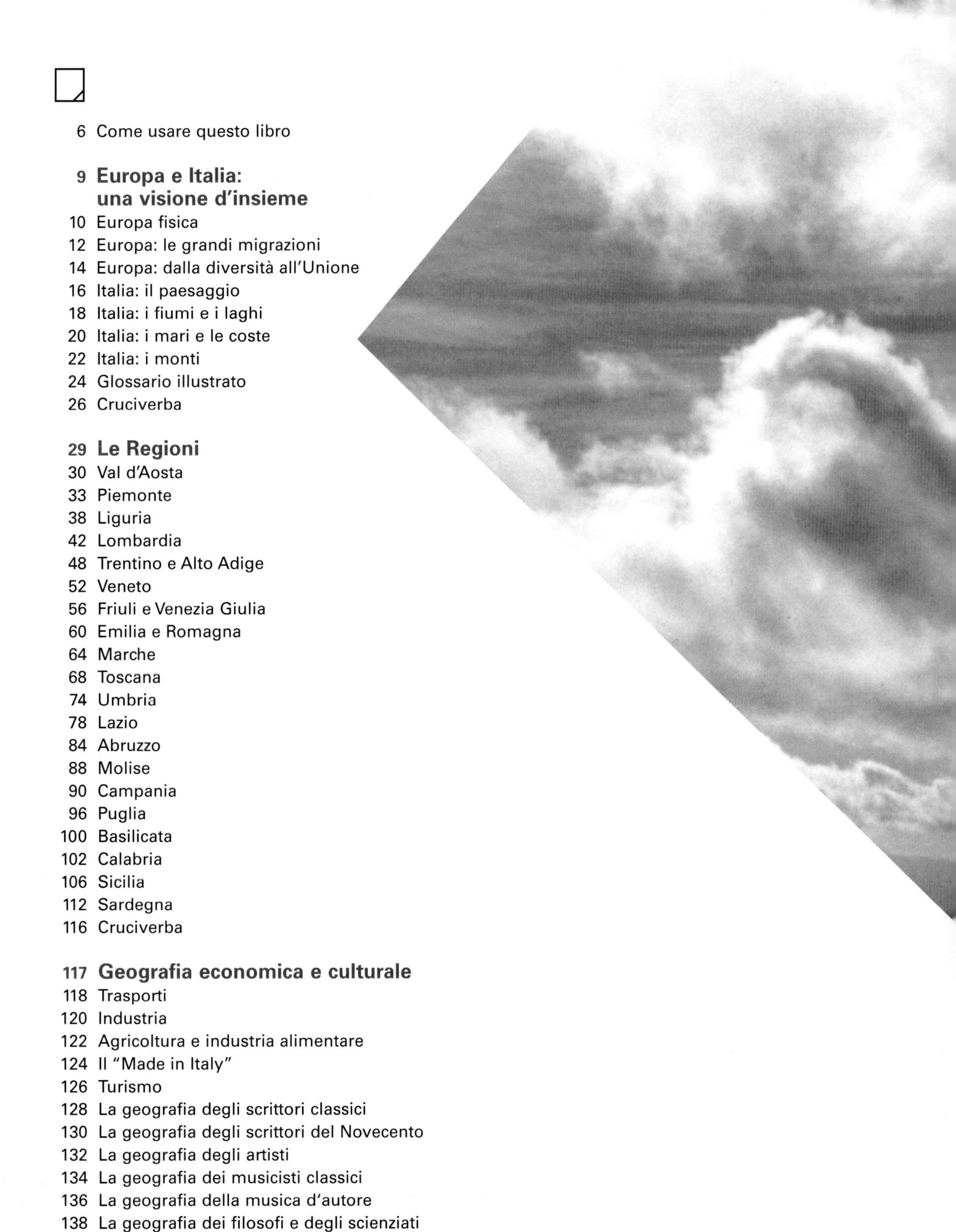

indice

GEOGRAFIA D'ITALIA
PER STRANIERI

Come usare questo libro

Una visione d'insieme

Questa guida alla scoperta della geografia italiana non è stata pensata solo come studio del territorio italiano, ma anche come strumento culturale per capire il modo in cui il territorio è stato abitato e trasformato dalla sua gente.
Abbiamo voluto offrire le informazioni legate al territorio che tutti gli italiani condividono, che quindi tornano nei loro discorsi: non troverai quindi solo mari, monti, fiumi e laghi, ma anche le caratteristiche culturali delle varie regioni, dalla cucina ai testi letterari e alle canzoni che le descrivono, dalla rivalità tra città vicine alle feste tradizionali.
Ci sono comunque, come è naturale in un testo di geografia, le informazioni di base sugli aspetti fisici del territorio, sulle vie di comunicazione, sulle città, l'economia, l'agricoltura e così via. Vediamo come sono organizzate queste informazioni.

L'Italia è parte d'Europa e nelle prime pagine troverai la descrizione di questo legame; poi hai una serie di schede sul paesaggio, i fiumi, i monti, ecc.: queste servono per due ragioni:
- darti una visione generale del territorio italiano
- darti le parole per parlare di geografia; alla conclusione di questa parte troverai un dizionario illustrato che ti sarà molto utile.

Queste pagine vanno lette prima di andare avanti nello studio.

Le regioni

L'Italia è divisa in 20 regioni (anche se tre di queste sono composte da due realtà storicamente e culturalmente diverse, per cui di fatto sono 23): le regioni italiane non sono semplici divisioni amministrative, ma sono il risultato di migliaia di anni di storia, spesso segnata da guerre.
Quando, nel 1861, si formò il Regno d'Italia riunendo, dopo 1500 anni di divisioni, la gran parte della penisola e delle isole italiane, il primo sforzo fu quello di "cancellare" le regioni e le loro lingue, chiamate "dialetti" anche se sono lingue vere e proprie: nel 1861 solo il 2,5% della popolazione del Regno d'Italia parlava l'italiano fuori dalla Toscana e da Roma!
Lentamente, dal 1970 in poi, la consapevolezza delle caratteristiche proprie delle regioni è venuta aumentando e nel 2000 è iniziata una serie di modifiche costituzionali (diverse a seconda che al governo ci fosse la sinistra o la destra) per aumentare l'autonomia delle regioni.
In Italia il primo modo di caratterizzare una persona è definire la sua provenienza: "è veneto", "viene dalla Sicilia", "è bolognese"; per gli italiani la provenienza è un modo per classificare le persone prima ancora di conoscerle.
Quindi in questo libro abbiamo dedicato molto spazio alle regioni italiane, che tu puoi studiare anche senza seguire l'ordine nord-sud, ovest-est che noi abbiamo seguito, secondo la tradizione.

Per ogni regione trovi una sezione iniziale in cui ti vengono date le informazioni di base sia sul territorio, sia sulla popolazione, le città, le vie di comunicazione, l'economia, le lingue parlate in quelle zone. Poi trovi informazioni, a seconda del caso, sull'industria, l'agricoltura, la cucina, la cultura, ecc. In alcuni casi trovi anche testi letterari o canzoni che spesso riassumono lo spirito di una regione meglio di qualunque discorso strettamente geografico!

LA GEOGRAFIA DELL'ECONOMIA E DELLA CULTURA

Nella sezione finale del volume sono raggruppate le informazioni che, descrivendo le varie regioni, erano distribuite in cento pagine: ti viene quindi facilitata la sintesi; se vuoi, puoi leggere queste pagine prima di affrontare le regioni.
Trovi anche una serie di schede sull'origine geografica di scrittori antichi e moderni, di musicisti, scienziati e artisti italiani: servono perché – data l'influenza dell'origine regionale sulla personalità degli italiani – puoi meglio collocare i singoli personaggi sullo sfondo della loro provenienza.

SITI

Se vuoi approfondire lo studio delle regioni italiane puoi andare su alcuni siti che ci hanno fornito molte delle informazioni che trovi in queste pagine:
http://www.nonsolocap.it/
http://www.comuni-italiani.it/regioni.html
http://www.sussidiario.it/geografia/italia/regioni/

EUROPA E ITALIA

una visione d'insieme

L'Italia è una delle grandi nazioni europee e può essere compresa solo collocandola nel contesto europeo. Guardando la carta geografica l'Europa pare un mosaico di stati e nazioni: ma c'è una grande tradizione di unità culturale che non va dimenticata: 2000 anni fa si parlava il latino dal Galles all'Ungheria, dal Portogallo alla Turchia; 1000 anni fa si costruivano cattedrali "romaniche" in tutta Europa e per secoli i movimenti artistici, culturali, filosofici, sono stati "europei", comuni e contemporanei nei vari stati.
Per questo non è possibile studiare l'Italia senza ricordare che è una parte dell'Europa.

Così come l'Europa è *una*, anche se divisa in tanti stati, nazioni, lingue, anche l'Italia è *una* nella cultura, nella tradizione artistica, musicale, letteraria – ma per secoli e secoli è stata divisa in stati autonomi. E da questa tensione tra unità e diversità nasce la ricchezza, il fascino della cultura italiana e dell'Italia, il luogo che ospita un terzo del patrimonio artistico dell'umanità.

EUROPA FISICA

L'Europa ha un grande territorio compatto a est, mentre verso l'Atlantico il corpo centrale (Francia e Germania) si divide in una serie di penisole: a nord, la Scandinavia e le isole britanniche (che sono quasi "penisole", visto la loro vicinanza all'Europa continentale); a sud, i Balcani, l'Italia e la penisola iberica. Nell'Europa orientale si parlano soprattutto lingue slave, in quella settentrionale lingue germaniche, mentre nella zona meridionale e occidentale prevalgono le lingue "romanze", di origine latina.

Individua nel testo:

I PUNTI CARDINALI	GLI AGGETTIVI CORRISPONDENTI
1.	....
2.	....
3.	....
4.	....

L'Europa è caratterizzata da alcune catene montuose che spiegano le difficoltà di comunicazione del passato e, quindi, le differenze linguistiche e culturali: i Pirenei separano Spagna e Francia; le Alpi (dove trovi il Monte Bianco, la montagna più alta d'Europa) circondano la pianura dell'Italia del nord; l'Appennino segue tutta la penisola italiana; i Balcani vanno dalla Croazia alla Grecia; le Alpi Scandinave separano la Norvegia dalla Svezia; e, infine, gli Urali separano la Russia dalla Siberia, dall'Asia.

Trova sulla cartina i nomi delle principali catene montuose.

Dall'Atlantico arrivano continuamente sull'Europa nuvole cariche di pioggia; e grandi piogge significano grandi fiumi, su cui sono nate grandi città: Londra sul Tamigi; Parigi sulla Senna; Milano vicino al Po; Strasburgo e Colonia sul Reno; Vienna, Budapest, Belgrado e Bucarest sul Danubio; Lisbona sul Tago; il fiume più lungo è il Volga, che attraversa la Russia da nord a sud. Nelle penisole nel Mediterraneo, come la Spagna, l'Italia peninsulare e i Balcani, la situazione è diversa: le estati sono lunghe e secche e i fiumi sono corti, con poca acqua.

Trova sulla cartina i nomi dei fiumi citati nel testo.

> In questa pagina e in quella precedente hai trovato molti termini geografici. Indicali anche nella tua lingua, poi confronta con i compagni per essere certo che li hai individuati correttamente.

ITALIANO	LA TUA LINGUA	ITALIANO	LA TUA LINGUA	ITALIANO	LA TUA LINGUA
Fiume	....	Circondare	....	Penisola	....
Isola	....	Città	....	Pianura	....
Lingua	....	Cultura	....	Pioggia	....
Luogo	....	Nuvola	....	Separare	....
Meridionale	....	Occidentale	....	Settentrionale	....
Nazione	....	Orientale	....	Stato	....
Catena (montuosa)	....	Peninsulare	....	Territorio	....
Centrale	....				

EUROPA: le grandi migrazioni

L'Europa è aperta a oriente e da lì sono giunte le sue popolazioni: alcune dal Medio Oriente, altre dalle pianure dell'Asia centrale. Oggi dopo due secoli di emigrazione verso l'America e l'Oceania, l'Europa è tornata ad essere terra di immigrazione, soprattutto dall'Asia e dall'Africa.

Sottolinea i nomi dei cinque continenti nelle righe che hai appena letto.
Nei testi che seguono trovi i nomi di molti popoli: sottolineali.

LA POPOLAZIONE EUROPEA PRIMA DI ROMA

La popolazione europea originaria arriva dall'Africa, attraverso il Medio Oriente, ma fino al 10.000 a.C., durante le glaciazioni, si sviluppano poche popolazioni e culture.
Intorno al 6-7000 a.C., mano a mano che il clima diventa migliore, giungono dalla Russia e dal Medio Oriente popolazioni "indoeuropee", tra cui i latini. Le popolazioni originali europee vengono assorbite dai nuovi abitanti, oppure vengono spinte verso l'Atlantico, come nel caso dei baschi nell'attuale Spagna e dei bretoni in Francia.
L'ultima di queste invasioni è quella dei Celti, che occupano l'Italia del Nord, la Francia e l'Inghilterra. Poi, nel 250 a.C. circa, l'affermarsi di Roma blocca le invasioni, eccetto che nell'Europa germanica e scandinava che sono fuori dell'impero.

IL CROLLO DELL'IMPERO ROMANO

Per 5 secoli l'Impero Romano rende stabile la situazione del Mediterraneo e dell'Europa occidentale; poi, intorno al 250 d.C., le popolazioni germaniche e quelle dell'Europa orientale scendono nelle fertili pianure del sud mettendo fine all'Impero, troppo vasto per potersi difendere.
Nell'ottavo secolo si realizza una nuova invasione, che questa volta viene dal Sud: gli arabi, portatori della nuova religione rivelata da Maometto, occupano la Spagna (dove resteranno sette secoli!), Malta, la Sicilia.
L'ultima delle grandi invasioni è quella dei popoli slavi, che occupano tutta la parte orientale del continente.

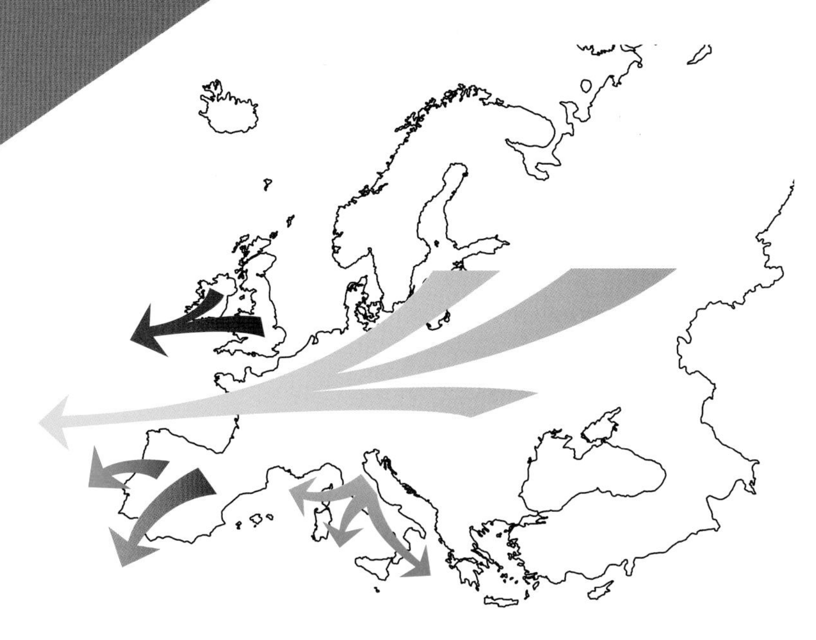

L'EMIGRAZIONE DALL'EUROPA

Per secoli la popolazione europea cresce, in condizioni economiche e sociali sempre più difficili.
La scoperta dell'America nel 1492, i viaggi intorno all'Africa verso l'India, la scoperta dell'Australia nel 1768 consentono all'enorme popolazione europea di emigrare cercando spazio, cibo, lavoro.
Alcune migrazioni sono di tipo coloniale (Inghilterra, Spagna, Portogallo, Francia), altre sono solo il frutto della grande fame d'Europa: irlandesi, tedeschi, italiani, polacchi, ucraini, ecc., cercano in America e Australia pane e lavoro.

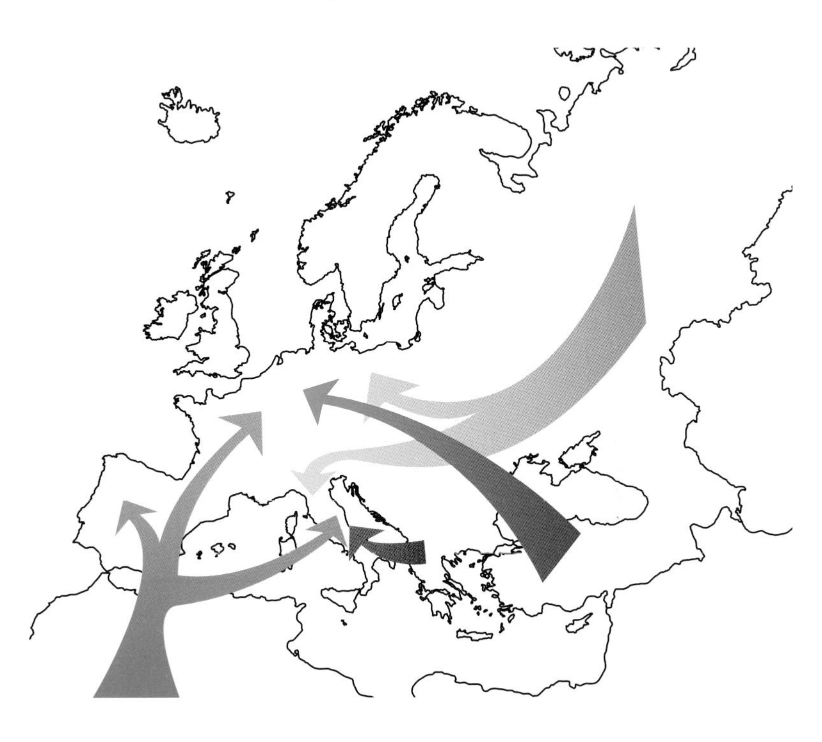

L'EMIGRAZIONE VERSO L'EUROPA

Ma la storia si ripete: dagli anni Sessanta gli europei cominciano a fare meno figli e in alcuni stati, come Italia e Spagna, la popolazione cala: la stessa fame che ha spinto gli europei a cercare lavoro nel mondo spinge oggi popoli asiatici e africani a cercare un futuro in Europa.

Le migrazioni sono anche interne all'Europa: negli anni Cinquanta-Settanta erano italiani, spagnoli, portoghesi e greci ad andare verso il nord, ora sono turchi e abitanti del mondo ex-sovietico che vengono in Europa occidentale per cercare lavoro e futuro.

> Indica queste parole nella tua lingua, poi confronta con i compagni per essere certo che le hai individuate correttamente.

ITALIANO	LA TUA LINGUA
Abitante	....
Emigrare/immigrare	....
a.C., avanti Cristo	....

ITALIANO	LA TUA LINGUA
Glaciazione	....
d.C., dopo Cristo	....
Popolo, popolazione	....

EUROPA: dalla diversità all'Unione

Guarda la carta d'Europa: la prima impressione è quella di un mosaico, di una grande diversità. E' vero: l'Europa è fatta di mille voci diverse. Eppure in più occasioni è stata unita, e oggi stiamo vivendo una fase di nuova unione.

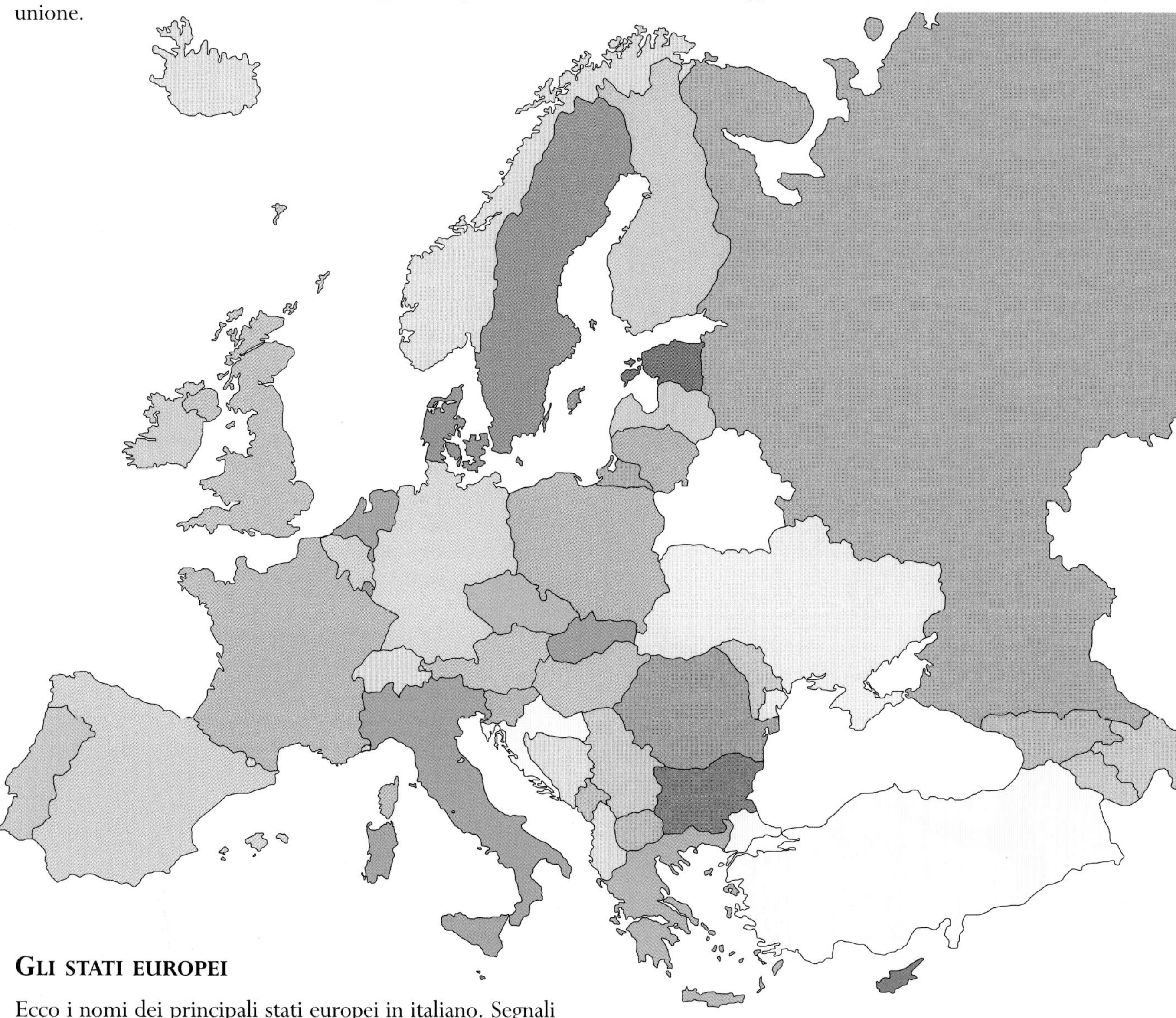

Gli stati europei

Ecco i nomi dei principali stati europei in italiano. Segnali nella cartina: Albania, Austria, Belgio, Bielorussia, Bosnia, Bulgaria, Cechia (Repubblica Ceca), Croazia, Danimarca, Estonia, Finlandia, Francia, Germania, Gran Bretagna, Grecia, Irlanda, Islanda, Italia, Lettonia, Lituania, Lussemburgo, Macedonia (ex-Repubblica Yugoslava), Moldavia, Norvegia, Olanda (Paesi Bassi), Polonia, Portogallo, Romania, Russia, Serbia, Slovacchia, Slovenia, Spagna, Svezia, Svizzera, Ucraina, Ungheria. Turchia e Cipro, pur asiatici geograficamente, sono culturalmente Europei. Ci sono anche alcuni piccolissimi stati: sai dove sono? Eccoti i nomi: Andorra, Liechtenstein, Monaco, San Marino, Vaticano.

L'UNITÀ ROMANA

Per circa cinque secoli Roma – la super-potenza del mondo antico – cercò di realizzare l'unione delle terre che potevano essere abitate in maniera "civile", cioè con città, strade, terme, ecc. Rimasero fuori le grandi pianure del Nord e dell'Est, allora coperte di foreste.
In realtà, come vedi dalla cartina in alto, a Roma interessava unificare il Mediterraneo (o "mare nostrum" come lo chiamavano i romani) più che unificare l'Europa.
L'impero romano crollò sia per la sua eccessiva estensione, sia per la disperazione delle popolazioni (i "barbari") che dal Nord Europa e dall'Asia cercavano una vita migliore, terre più fertili, climi più dolci.

L'UNITÀ DI CARLO MAGNO

Intorno all'800 Carlo Magno, il re dei Franchi, fondò il Sacro Romano Impero: il suo centro non era più Roma ma Aquisgrana (oggi Aachen, sul confine tra Belgio e Germania), ed il suo era un impero del nord più che del sud dell'Europa.
L'impero di Carlo Magno finì poco dopo la sua morte, ma continuò ad esistere in maniera virtuale, per quasi un millennio: re e principi eleggevano un imperatore, che non aveva poteri reali. Nel Cinquecento, l'austriaco-spagnolo-olandese Carlo V riuscì a dare vita reale al Sacro Romano Impero, ma ormai il mondo si era allargato, con i viaggi di Marco Polo in Cina, Vasco de Gama intorno all'Africa e quello di Colombo in America, per cui un impero "sacro" e "romano" era fuori tempo...

L'UNITÀ DI NAPOLEONE

Tra il Settecento e l'Ottocento una tempesta percorre l'Europa: un francese di origine italiana conquista l'Europa intera. Convinto di essere imbattibile, non analizza la nuova realtà che da oltre due secoli ha unificato l'oriente: la Russia degli Zar. E lì il sogno di Napoleone finisce, anche se sarà poi l'Inghilterra (mai occupata da nessuno dopo il 1066) a distruggere l'imperatore francese.
Tuttavia Napoleone riesce, anche se domina per pochi anni, a dare un'unità istituzionale, strutturale, organizzativa all'Europa, unità che esiste ancora oggi, dai licei alle accademie, dalle province ai comuni.

ITALIA: il paesaggio

L'Italia non è molto grande: tra il Nord e la Sicilia ci sono circa 1500 Km. di distanza, e da Torino a Trieste ci sono circa 600 Km. Eppure, pur essendo piccola, l'Italia ha una incredibile varietà di paesaggio!

> ■ Le Alpi circondano la Pianura Padana (da Padus, il nome latino del Po, il più lungo fiume italiano) e la proteggono dal freddo dell'Europa centrale. Il tipico paesaggio alpino è bianco di neve e verde di pini. Per secoli le popolazioni alpine hanno vissuto in povertà, ma oggi il turismo ha portato ricchezza – ed in parte ha distrutto l'ambiente e la pace di queste valli! *(Nella foto, la cima più alta delle Alpi, il Monte Bianco: 4810 m. sul livello del mare).*

v ■ Ci sono poche pianure in Italia; le principali sono quella del Po e, nel Nord-Est, la pianura Veneto-Friulana. Sono pianure umide costruite dai fiumi, che per millenni hanno portato terra, foglie, rami dalle montagne, e quindi sono terre fertilissime e ricche, attraversate dalle antiche strade romane, quasi sempre rettilinee, dove trovi una città ogni 20 km circa – cioè la distanza che si copriva a piedi in un giorno. Se vedi la Pianura Padana dall'aereo sembra un'unica città, perché ormai le abitazioni e le fabbriche coprono gran parte del territorio. *(Nella foto, Cittadella, vicino a Padova: una delle tantissime città che hanno conservato le antiche mura).*

< ■ Il centro della penisola presenta uno dei paesaggi più incantevoli del mondo: lavorato per 3000 anni, è diventato dolce, ed oggi è ancora coperto di viti, ulivi, grano. Sono moltissimi gli stranieri che si trasferiscono in Toscana, Umbria, Marche, andando ad abitare in vecchie case contadine splendidamente restaurate.
(Nella foto, la campagna intorno a Siena).

< ■ Il sud e la Sicilia sono caratterizzati da paesaggi aridi e duri – ma non per questo meno affascinanti. Durante l'estate c'è molto caldo e pochissima pioggia, ma d'inverno sono verdissimi – e in Calabria trovi delle foreste che ricordano l'Europa settentrionale.
Nel Sud ci sono anche molti vulcani, dall'Etna (il più alto di tutti), al Vesuvio, alle varie isole vulcaniche sopra la Sicilia.
(Nella foto la spiaggia di Ficogrande, isola di Stromboli)

In questa pagina hai incontrato i seguenti termini geografici, cui affiancare quelli nella tua lingua.

ITALIANO	LA TUA LINGUA
Arido / umido	....
Aspro / dolce	....
Bosco, foresta	....
Clima	....
Ecologia	....
Fertile	....
Geologia, geologico	....
Industria	....
Mare	....
Montagna	....
Neve	....
Paesaggio	....
Popolazione	....
Roccia	....
Strada	....
Turismo	....
Valle	....
Vulcano	....

> ■ La Sardegna è un isola non solo perché circondata dal mare, ma anche perché la sua natura geologica (cioè montagne, rocce, ecc.) è diversa da quella della penisola italiana. La Sardegna è molto aspra, con rocce di granito che spuntano nelle campagna o si gettano in mare – ma è anche una regione di una bellezza paesaggistica spesso ancora salva, come nella foto.

ITALIA: i fiumi e i laghi

L' Italia è una lingua di terra lanciata dentro il Mediterraneo, e questo impedisce la presenza di grandi fiumi.

I FIUMI

Dal punto di vista geografico, l'Italia è composta da quattro diverse aree: la Pianura Padana (che i latini chiamavano "Gallia cisalpina": la "Gallia al di qua delle Alpi"), il lungo "stivale" proteso nel Mediterraneo, le due grandi isole. Solo nella pianura del Po trovi grandi fiumi, che scendono dalle Alpi:

- il **Po**, il più lungo fiume italiano, va dal Piemonte all'Adriatico, dove sfocia con una foce "a delta", cioè con un ventaglio di canali e lagune; molti fiumi entrano nel Po da sinistra (guardando verso la foce la sinistra è a nord) e da destra, da sud. I fiumi che entrano in un fiume maggiore si chiamano "affluenti";
- gli **affluenti** di sinistra scendono dalle Alpi e dai grandi laghi, quindi hanno acqua durante tutto l'anno; i fiumi che entrano nel Po da destra scendono invece dagli Appennini, che sono più bassi delle Alpi: hanno molta acqua in primavera, mentre sono quasi asciutti d'estate, fino all'arrivo delle piogge autunnali;
- dall'Appennino tosco-emiliano (cioè quello che separa la pianura del Po dalla Toscana) scendono verso sud i due grandi fiumi della penisola: l'**Arno**, che attraversa Firenze, e il **Tevere**, su cui sorge Roma;
- tutti gli altri fiumi vanno dagli Appennini, la catena di monti che segue la penisola italiana, fino al mare, percorrendo poche decine di chilometri; lo stesso vale per i fiumi delle grandi isole. Sono fiumi molto irregolari, disastrosi e violenti quando piove molto, asciutti o quasi durante il periodo estivo.

I LAGHI

Se guardi la cartina vedi che i laghi sono di due tipi:

- al nord questi specchi d'acqua sono stretti e lunghi: sono i letti di antichi ghiacciai; hanno una funzione climatica molto importante perché con la loro grande quantità d'acqua, che conserva il calore a lungo, mantengono intorno a loro una temperatura più dolce che nel resto della pianura. Il più grande è il Lago di Garda, tra Lombardia e Veneto;
- nella penisola i laghi sono concentrati tra Umbria e Lazio: sono circolari perché tutti (tranne il più grande, il Trasimeno) sono vulcani spenti i cui crateri si sono riempiti d'acqua...

> ■ La foce a delta del Po vista dal satellite; in alto la laguna di Venezia.

I fiumi, i laghi e l'uomo

In molti paesi europei i corsi d'acqua hanno costituito per secoli la principale via di comunicazione, e ancora oggi sono usati come autostrade per trasportare merci. In Italia ciò non è possibile: nel nord, perché la pianura era divisa in vari stati, nella penisola perché l'acqua è poca e irregolare. Nel Novecento i governi italiani hanno preferito fare strade, con grandi problemi per l'ambiente, e hanno trascurato le possibilità del trasporto acqueo.

Tuttavia i fiumi hanno avuto una funzione fondamentale: quasi tutte le grandi città lontane dal mare sono nate sui fiumi, che garantivano l'acqua, non solo per bere ma anche per produrre energia per i mulini e per le prime industrie.

Sinonimi

In questi testi hai trovato parole in rosa. Sono parole che potevano essere sostituite da altre che trovi qui sotto. Prova a trovarle.

Pianura del Po	Fiumi
Penisola italiana	Sicilia e Sardegna
Laghi	Affluenti

v ■ L'Arno a Firenze. A sinistra, il Ponte Vecchio, cuore della città.

ITALIA: i mari e le coste

L'Italia è uno "stivale" che entra nel mare Mediterraneo – e il mare è stato per millenni fonte di ricchezza e di cibo, via di commercio e di flotte che partivano alla conquista, anche se oggi le flotte che arrivano sono cariche di profughi e disperati dal Nord Africa. All'inizio del secondo millennio sono proprio le Repubbliche Marinare (Genova, Pisa, Amalfi – vicino a Napoli – e Venezia) che guidano la ripresa economica e culturale italiana.

∧ ■ Due aspetti della costa siciliana: le dune sabbiose del torrente Belice, a sud, e le coste rocciose vicino a Trapani, a nord.

Sabbia e roccia

Abbiamo visto, parlando dei fiumi, che geograficamente esistono due Italie: quella del nord, compresa tra Alpi ed Appennino, e la penisola. Questa differenza vale anche per le coste. A nord, la grande pianura è stata costruita dal Po, dall'Adige, dal Piave, dal Tagliamento, che hanno portato al mare la terra e le rocce delle montagne trasformate in sabbia. Nell'Adriatico la differenza tra l'alta e la bassa marea è molto limitata, quindi i detriti (la terra, i rami, i sassi) non sono portati via dalla marea ma si depositano alla foce del fiume, creando spiagge e lagune (fino a qualche secolo fa la costa da Ravenna a Trieste era un'unica laguna).

Nella penisola invece la costa è generalmente molto più rocciosa, con coste alte e piccole baie sabbiose; ci sono anche spiagge, ma non larghe e estese come quelle dell'Alto Adriatico. Più si va verso sud, maggiore è la differenza tra alta e bassa marea, e quindi i fiumi non hanno foci a delta come il Po, con lagune, acquitrini, paludi; al contrario, ci sono foci "ad estuario", in cui il fiume entra in mare con un'unica bocca, e la marea porta via i detriti.

< ■ Un'antica carta della laguna veneta ti mostra la ricchezza di corsi d'acqua che scendono dalle Alpi. Puoi notare tre "canali" scavati dai Veneziani, dal Seicento in poi, per spostare il Brenta e il Piave. Questi infatti, con i loro detriti, stavano interrando la laguna, che per Venezia era fonte di vita e strumento di difesa! Sotto, vedi uno degli scandali quotidiani di Venezia: una nave da crociera attraversa il cuore della città, con tutti i pericoli che ne derivano.

Gli uomini e il mare

Le lagune al nord, le baie al sud e nelle isole hanno ospitato fin dall'antichità piccoli porti che avevano due funzioni:

- erano il punto d'arrivo dei pescatori, che fornivano cibo alle popolazioni costiere e, almeno in parte, delle città dell'interno; in Italia la cucina del pesce ha una fortissima tradizione, ogni città di mare ha un modo suo di preparare i pesci tipici;
- servivano da base per il commercio; per secoli Venezia e Genova hanno dominato il Mediterraneo: le loro navi trasportavano le merci dall'Europa all'Asia; cinque secoli fa furono proprio navigatori italiani – Cristoforo Colombo, i fratelli Caboto, Amerigo Vespucci (da cui viene il nome "America") – ad allargare le prospettive del commercio europeo, ma in questo modo l'Atlantico prese il ruolo che per millenni era stato del Mediterraneo, condannando al declino Venezia, Genova e le altre città marinare.

Oggi le coste sono usate più che altro per ragioni turistiche, anche se in molte parti le follie industriali del XX secolo hanno rovinato lagune, baie, scogliere, spiagge. Lentamente, tuttavia, l'attenzione per l'ambiente sta crescendo e il mare torna a ricevere il rispetto che merita, sia come fonte di cibo, sia come principale attrazione turistica – e il turismo porta all'Italia l'11% della sua ricchezza!

ITALIA: i monti

Come hai visto per i fiumi, anche per le montagne l'Italia è in realtà... due Italie!
A Nord hai l'unica, grande pianura italiana, ma nella penisola le pianure sono pochissime – e questo spiega come mai l'Italia sia stata per secoli divisa in centinaia di piccole realtà autonome: i trasporti sono difficili nelle zone montuose!

MONTI E MONTAGNE

Non c'è differenza tra "montagne" e "monti": in entrambi i casi si tratta di grandi massi rocciosi, spesso sopra i 2000 metri, coperti per mesi dalla neve. Alcuni monti, come il Monte Rosa e il Monte Bianco, i due più alti delle Alpi, hanno neve tutto l'anno.
I monti dell'Appennino non sono alti come quelli alpini: i più importanti sono il Cimone, tra Bologna e Firenze, e il Gran Sasso (il più alto della penisola, in Abruzzo). Ci sono poi molti vulcani, alcuni addormentati, come il Vesuvio a Napoli o i Colli Euganei a Padova, altri attivi, come l'Etna a Catania e quelli delle isole vulcaniche a Nord della Sicilia: Stromboli, Vulcano, ecc.

∧ ■ La Valtellina, in Lombardia: tipica valle a "U" di origine glaciale.

COLLI E COLLINE

Gran parte dell'Italia non è né pianeggiante né montagnosa, ma è fatta di colli o colline (anche in questo caso, le due parole non indicano una differenza di altezza, ma si differenziano solo nell'uso: "collina" è generale, "colle" è spesso accompagnato da un nome).
Il paesaggio italiano è ondulato e le colline sono state addolcite da millenni e millenni di lavoro dell'uomo.

VALLI E VALLATE

Anche in questo caso il significato delle due parole è più o meno lo stesso, anche se una "vallata" è di solito larga, ampia, mentre una "valle" può anche essere stretta.
Nelle Alpi ci sono ampie vallate lasciate dai ghiacciai che, durante le glaciazioni, giungevano alla Pianura Padana: la valle di Aosta, che scende dalla Francia, la Valtellina, che porta in Svizzera, e la valle dell'Adige, che ci collega all'Austria, sono tre grandi vallate di origine glaciale: lo si capisce perché sono fatte come una "U", con il fondo arrotondato, mentre le valli fluviali, scavate dai fiumi, sono fatte a "V". Di quest'ultimo tipo sono quasi tutte le valli appenniniche.

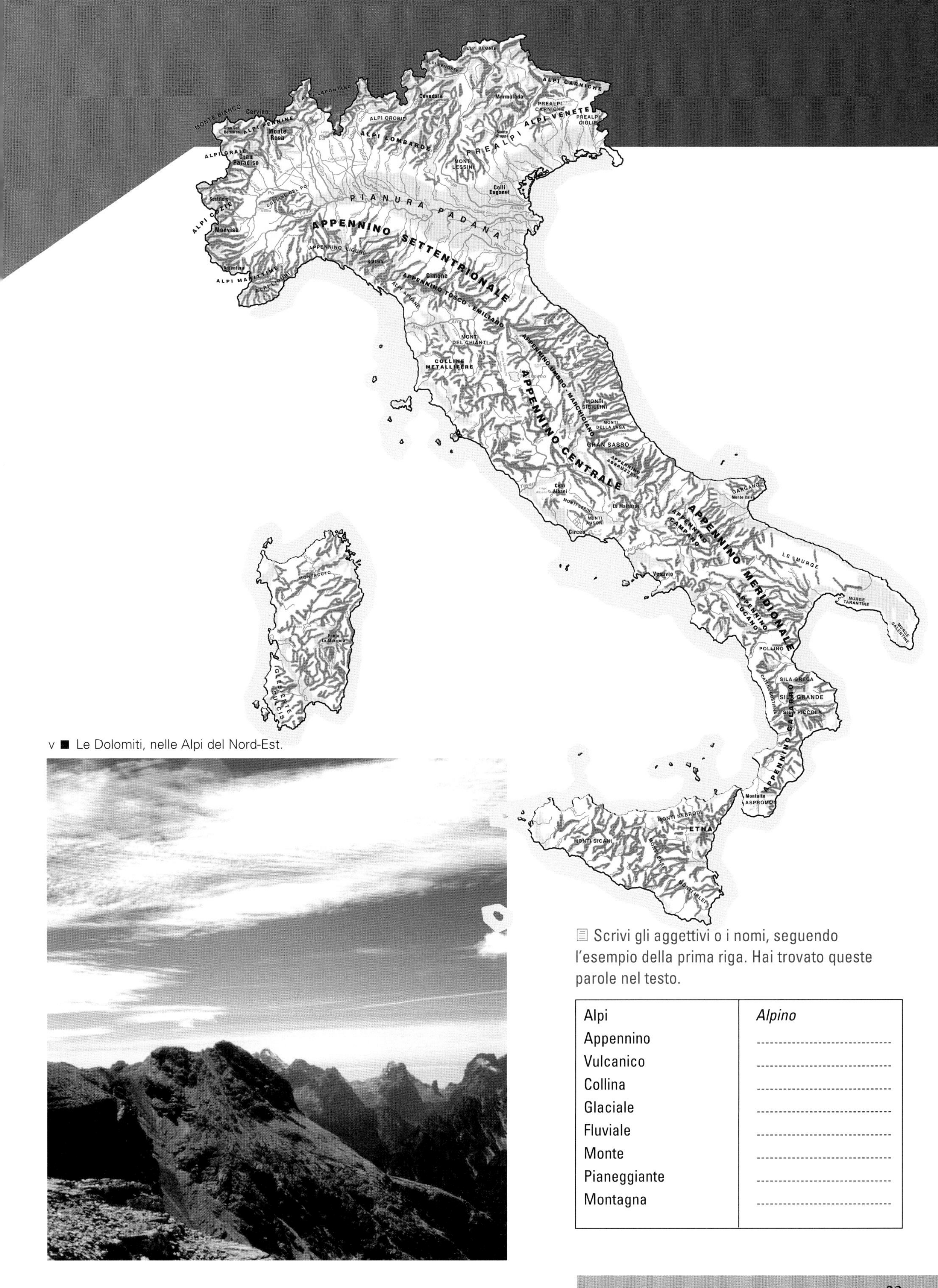

v ■ Le Dolomiti, nelle Alpi del Nord-Est.

Scrivi gli aggettivi o i nomi, seguendo l'esempio della prima riga. Hai trovato queste parole nel testo.

Alpi	*Alpino*
Appennino	....
Vulcanico	....
Collina	....
Glaciale	....
Fluviale	....
Monte	....
Pianeggiante	....
Montagna	....

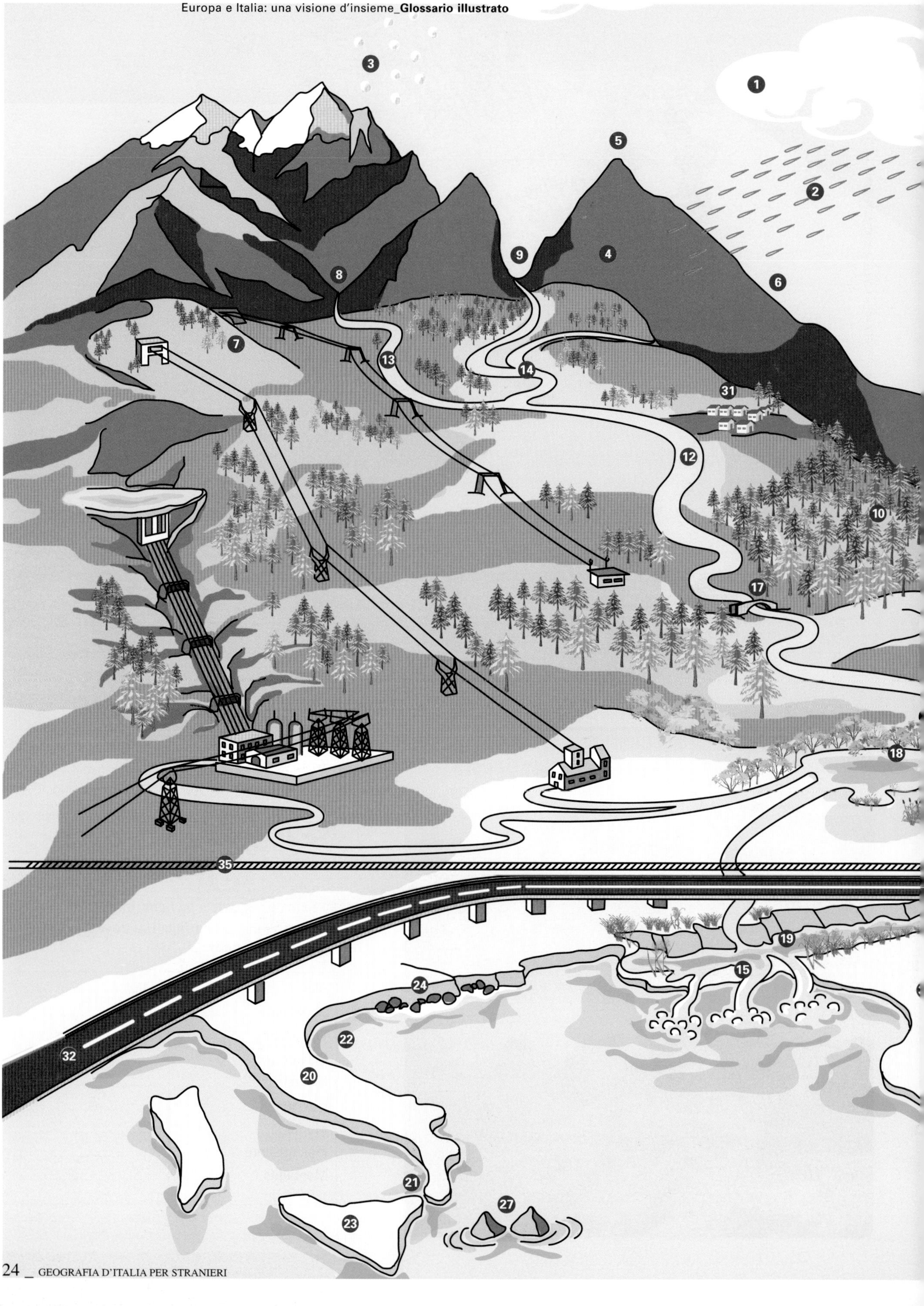
1
2
3
4
5
6
7
8
9
10
12
13
14
15
17
18
19
20
21
22
23
24
27
31
32
35

GLOSSARIO ILLUSTRATO

1. nuvola
2. pioggia
3. neve
4. monte, montagna
5. cima, vetta
6. fianco
7. colline
8. valle fluviale (a "V")
9. valle glaciale (a "U")
10. bosco
11. pianura
12. fiume
13. affluente di sinistra
14. affluente di destra
15. foce a delta
16. foce a estuario
17. ponte
18. lago
19. palude
20. penisola
21. stretto
22. golfo
23. isola
24. costa rocciosa, alta
25. costa bassa
26. laguna
27. scogli
28. città
29. cittadina
30. città turistica
31. villaggio, paese
32. autostrada
33. tangenziale
34. strada locale
35. ferrovia

29
11
28
33
34
stazione
16
25
26

GIOCHIAMO CON LE PAROLE DELLA GEOGRAFIA!

ORIZZONTALI

2. E' una specie di lago, di palude, lungo la costa; famosa quella di Venezia
6. Striscia di terra circondata per tre lati dal mare, mentre il quarto è legato alla terraferma
8. Che riguarda l'ovest, l'occidente
10. Un territorio che si organizza con sue leggi, scuole, esercito, ecc., è uno ...
13. Scende dalle nuvole ed è fatta di tante gocce
14. L'opposto di "ovest"
17. Altura di solito facile da coltivare e da abitare; piccola montagna
18. Il mare a ovest dell'Italia
19. La scienza che si occupa dell'equilibrio dell'ambiente e della sua difesa
21. La parte di un territorio che si trova a contatto con il mare; può essere rocciosa, sabbiosa, ecc.
23. Via di comunicazione
25. Opposto a "sud"
29. Territorio senza colline o montagne
30. Il fiume che attraversa Roma
31. Una delle due grandi isole italiane
32. Si trova tra due montagne, e di solito è abitata e attraversata da strade nella sua parte più bassa
36. Il secondo fiume italiano
37. Una montagna da cui esce il fuoco

VERTICALI

1. La temperatura, la piovosità, i venti di una regione
3. Una valle o un lago originati da un ghiacciaio sono ...
4. La catena montuosa a nord dell'Italia
5. Una terra completamente circondata dal mare
6. L'insieme di monti, colline, fiumi, campagna, città, ecc., forma il ... di una zona; l'ecologia è la scienza che lo studia e che vuole difenderlo
7. L'opposto di "est"
9. Il Monte ... è secondo, per altezza, solo al Monte Bianco
11. Il Po è un ...
12. Grande distesa d'acqua formata da un fiume, lungo il suo percorso
15. Importante attività economica basata sulle visite di persone che trascorrono le vacanze
16. La più grande pianura italiana
20. Le Alpi e gli Appennini sono ... montuose
22. Altro modo per dire "montagna"
24. Il mare a est dell'Italia
25. Se fa molto freddo dalle nuvole non scende pioggia ma ...
26. L'Arno è il ... di Firenze
27. Grande distesa d'acqua
28. Il Monte ... è il più alto delle Alpi
33. Il Garda è un ...
34. Opposto di "nord"
35. Il più lungo dei fiumi italiani ha il nome più corto: ...

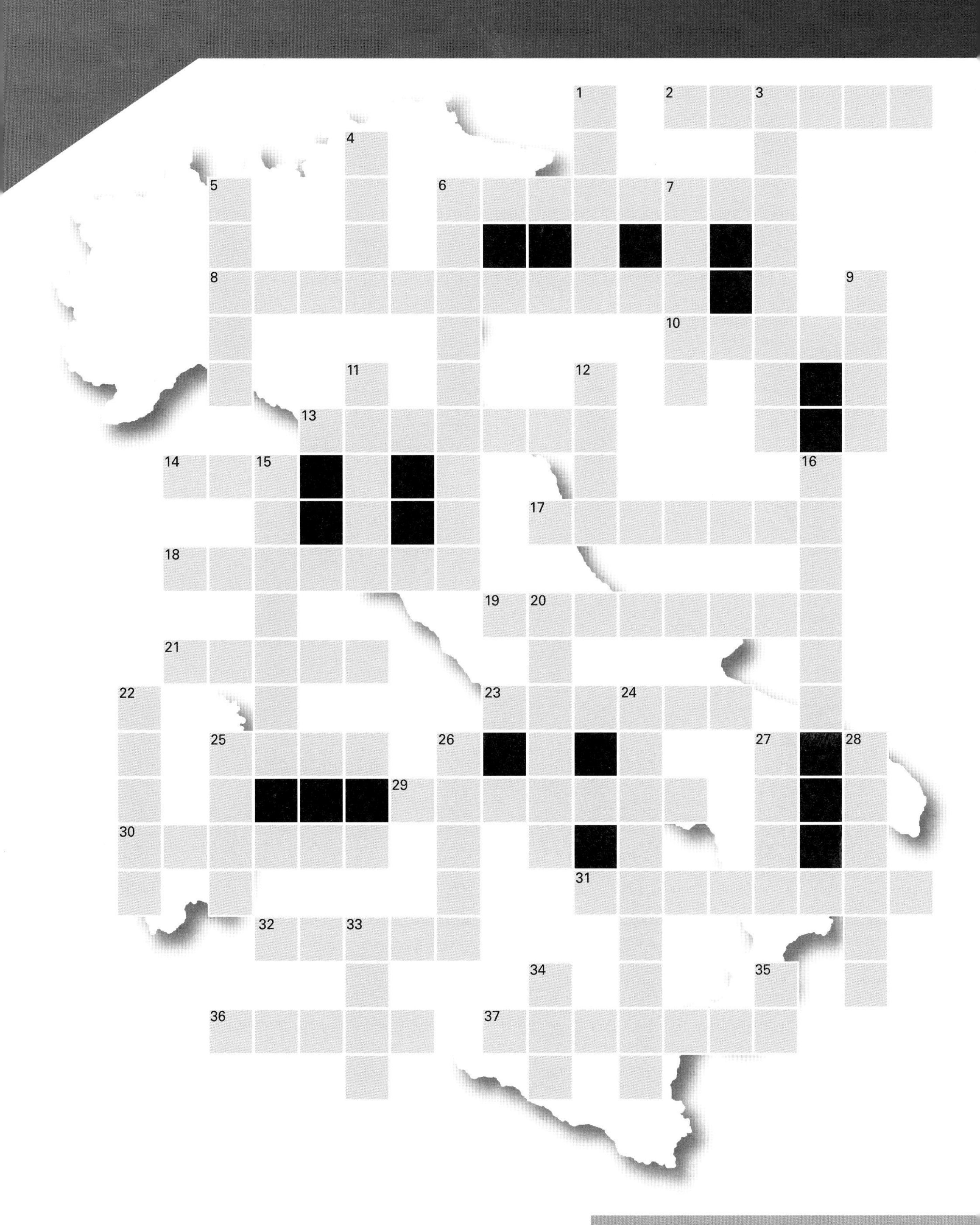

Le Regioni

La storia italiana è la storia delle sue regioni e delle sue città: la cultura italiana è unitaria, ma lo stato unitario è tra i più giovani d'Europa: nasce nel 1861 e solo dopo la Seconda Guerra Mondiale l'Italia si è unita davvero. Ti basti pensare che quando è nato il Regno d'Italia solo il 2,5% della popolazione (fuori della Toscana e di Roma) parlava l'italiano. Gli altri parlavano le diverse lingue regionali, note come "dialetti" ma che sono vere e proprie lingue autonome.

E' così che sono nate le regioni italiane: come nazioni autonome, spesso indipendenti prima della conquista dei latini; per alcuni secoli non sono neppure state le regioni (cioè i "ducati", le "contee", le "marche" in cui i regni barbarici avevano diviso l'Italia tra il V e il XII secolo) a costituire l'unità di base: erano i comuni, cioè le singole città. Quasi sempre in guerra con le città vicine.

Per questa ragione esplorare l'Italia vuol dire esplorare le sue regioni – solo così puoi cogliere l'identità di questa nazione incredibilmente variata, diversa al suo interno, con tradizioni, visioni del mondo, modi di vivere spesso molto differenti da zona a zona. E' la magia di un popolo che si sente allo stesso tempo europeo, italiano, regionale e cittadino.

Buon viaggio dunque nelle Regioni d'Italia.

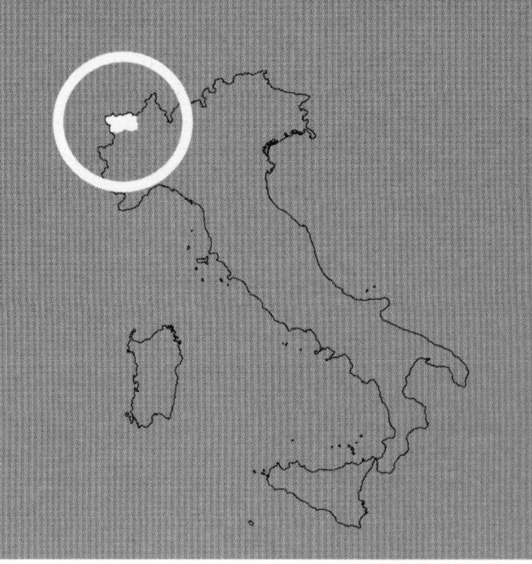

Val d'Aosta

www.regione.vda.it

La Valle d'Aosta è la più piccola e la meno popolosa delle regioni italiane, e molti italiani credono sia semplicemente una provincia del Piemonte. In realtà questa valle ha una sua identità linguistica e culturale molto precisa, che la distingue dal Piemonte. A dire il vero, i piemontesi la "colonizzano" durante i weekend e molti si trasferiscono in Val d'Aosta quando vanno in pensione, attratti dall'ambiente molto curato, dalla tranquillità dei villaggi e dalle cittadine ancora a misura d'uomo.

Superficie	Kmq. 3.263.
Territorio	Montagna 100%, collina 0%, pianura 0%
Acque	La regione è costituita dalla valle della Dora Baltea, che raccoglie le acque delle cime più alte delle Alpi e le porta al Po, in Piemonte
Monti	Qui troviamo il **massiccio** del Monte Bianco, la cima più alta delle Alpi (4810 m.), il Monte Rosa (4633), il Monte Cervino, con la sua forma a piramide conosciuta in tutto il mondo.
Popolazione	120.000 abitanti, detti "valdostani".

Città

Come vedi dalla cartina, l'unica vera città è Aosta (ab. 34.989); sigla: AO; popolazione della provincia: 120.000 aostani.

Strade

La valle è attraversata da un unico sistema di comunicazioni: la strada, l'autostrada e la ferrovia che corrono parallele lungo la Dora Baltea.
Ma proprio per questo ruolo importante nelle comunicazioni tra Italia e Francia, durante l'impero romano fu costruita Aosta, il cui nome deriva da "Augusta", la città di Augusto, il primo imperatore. Infatti, lungo la valle della Dora Baltea e attraverso il passo del Gran San Bernardo, scorreva tutto il traffico di persone, merci, eserciti tra l'Italia e l'Helvetia (Svizzera), la Gallia (Francia centrale e del nord), la Britannia. Oggi due grandi tunnel autostradali, uno verso la Francia sotto il Monte Bianco e uno verso la Svizzera sotto il San Bernardo, permettono di attraversare le Alpi in pochi minuti.

A misura d'uomo: con ritmi di vita tranquilli
Massiccio: gruppo montuoso
Statuto: costituzione regionale
Ducato: territorio governato, nel passato, da un duca
A cavallo: che si trova su due o tre territori

Economia

L'economia della regione è basata soprattutto sul turismo e sulla produzione di cibi unici per la felicità sia dei turisti, sia dei Piemontesi che hanno la seconda casa nelle vallette, sia dei viaggiatori che passano dall'Italia alla Francia e si fermano per acquistare formaggi e salumi di grande qualità.

Una veduta notturna della valle della Dora Baltea mostra l'importanza delle vie di comunicazione in questo ambiente.

Lingue

La situazione linguistica è estremamente complessa ed è per questa ragione che questa valle non è una piccola provincia del Piemonte ma è una regione autonoma, con uno statuto speciale riconosciuto dalla Costituzione.
La lingua della valle è il francoprovenzale (detta con disprezzo *patois*, la lingua che si parla con les *pattes*, coi piedi); è una lingua, non un dialetto, ed è parlata da secoli in Savoia, regione a cavallo tra la Francia, la Val d'Aosta e il Piemonte, la Svizzera francese. La Savoia è il ducato da cui provenivano i Re di Piemonte e poi d'Italia.

Il francoprovenzale è una lingua che sta scomparendo, perché l'accordo raggiunto tra Italia e Francia nel dopoguerra prevede la difesa del francese, non del francoprovenzale, in Val d'Aosta. La scuola e il sistema amministrativo e giudiziario sono bilingui.
C'è poi un'altra lingua in pericolo, nella valle del Lys, che dal confine svizzero scende verso Ivrea: è il walser, una lingua germanica parlata anche nel Liechtenstein, un piccolissimo stato tra Svizzera e Austria. La protezione di questa lingua è quasi nulla e anche gli abitanti di questi villaggi devono essere capaci di parlare italiano e francese.

∧ ■ Nel Parco Nazionale del Gran Paradiso l'osservazione della flora e della fauna hanno sostituito la caccia. Oggi infatti è un parco protetto, ma per molto tempo è stato la riserva di caccia dei Savoia, i duchi piemontesi che regnarono in Italia tra il 1861 e il 1946.

Una regione o un parco?

Si potrebbero fare molti discorsi su questa regione di confine, con una popolazione e un sistema scolastico e amministrativo bilingui, con uno statuto speciale, punto di contatto tra la Pianura Padana e l'Europa occidentale... Ma chi oggi attraversa la Valle o ha la fortuna di poterci restare qualche giorno dimentica queste caratteristiche geo-politiche. Preferisce concentrarsi su un altro aspetto della Val d'Aosta: questa regione è un immenso, bellissimo parco! Il Parco Nazionale del Gran Paradiso occupa solo le montagne a Sud della Dora Baltea, verso il Piemonte – ma tutta la regione è, in realtà, un parco nazionale: il rispetto per l'ambiente, per i fiori, per gli animali, per i cibi genuini e tradizionali sono diventati parte della mentalità valdostana, che odia le grandi vie di comunicazione costruite lungo il fiume tra gli anni Cinquanta e Ottanta, prima che fosse chiaro che la cultura ambientalista produce ricchezza e non è solo una mania di pochi intellettuali.

Riserva di caccia: territorio dove solo alcuni possono andare a caccia

Piemonte

www.regione.piemonte.it

Superficie	Kmq. 25.399.
Territorio	Montagna 43%, collina 31% pianura 26%
Acque	I corsi d'acqua del Piemonte disegnano una specie di ventaglio che dall'Appennino Ligure, dalle Alpi italo-francesi a ovest e da quelle italo-svizzere a nord scendono verso il Po, che proprio a Torino diventa un fiume di notevole portata. Il principale affluente di destra (che viene quindi da sud) è la Stura, mentre quelli di sinistra sono la Dora Riparia e la Dora Baltea, che viene dalla Valle d'Aosta.
Monti	Il Piemonte è circondato da alte montagne su tre lati: a sud ci sono gli alti Appennini che lo separano dalla Liguria e dal Tirreno; ad ovest troviamo le Alpi italo-francesi; a nord ci sono le cime più alte delle Alpi (in parte occupate dalla provincia di Aosta, che per ragioni linguistiche è considerata regione autonoma). Tra le Alpi, che scendono ripide, e la pianura c'è un'ampia fascia collinare, celebre soprattutto per la produzione di vino.
Popolazione	4.300.000 piemontesi. Alla fine dell'Ottocento e nella prima parte del secolo scorso sono emigrati centinaia di migliaia di piemontesi.

∧ ■ Macugnaga, la stazione turistica più importante e attrezzata dell'Ossola, ai piedi del versante orientale del massiccio del monte Rosa.

Lingua

L'italiano è la lingua più diffusa, ma ci sono molte valli alpine in cui si parlano due antiche lingue derivate dal latino: il francoprovenzale (lingua della Savoia francese e della Val d'Aosta, spesso considerata un dialetto del francese mentre è una lingua vera e propria) e l'occitano; questa lingua, la langue d'oc in cui nacque la letteratura francese, è di fatto ormai scomparsa e solo alcuni studiosi o appassionati la parlano ancora in provincia di Cuneo.

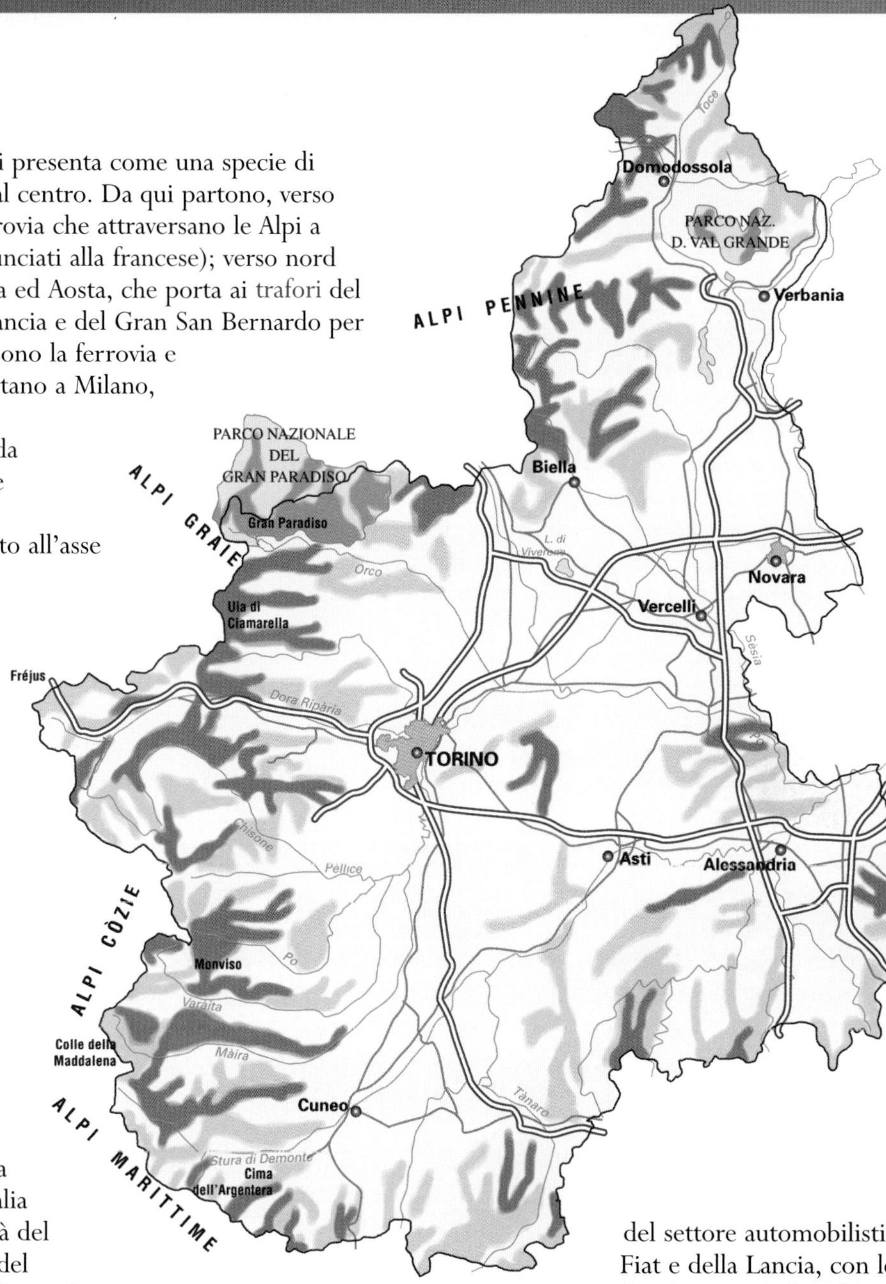

Strade

Il sistema autostradale si presenta come una specie di stella con Torino posta al centro. Da qui partono, verso est, l'autostrada e la ferrovia che attraversano le Alpi a Modane e Fréjus (pronunciati alla francese); verso nord c'è l'autostrada per Ivrea ed Aosta, che porta ai trafori del Monte Bianco per la Francia e del Gran San Bernardo per la Svizzera; verso est ci sono la ferrovia e l'autostrada A4, che portano a Milano, Venezia, Trieste; infine, verso sud, c'è l'autostrada per il Tirreno, che viene raggiunto a Savona. Spostata verso est rispetto all'asse nord-sud che passa per Torino, c'è un'autostrada parallela che va da Verbania, sul Lago Maggiore, a Novara, ad Alessandria e poi raggiunge il Tirreno a Genova.

Economia

Il Piemonte (insieme a Lombardia e Liguria) è parte del "triangolo industriale" in cui è fiorita la grande industria pesante italiana dopo l'unificazione d'Italia nel 1861, e poi alla metà del Novecento nei decenni del miracolo economico italiano. Questa seconda industrializzazione ha attirato in Piemonte quasi un milione di operai dal Sud, causando problemi sociali e, talvolta, casi di razzismo vero e proprio contro i "terroni", come venivano chiamati i meridionali.
Oggi l'industria pesante dell'acciaio, delle automobili, delle costruzioni ferroviarie, dei grandi impianti è in crisi in tutto il mondo e, quindi, anche in Piemonte: soprattutto la capitale, Torino, vive profondamente la crisi del settore automobilistico, cioè della Fiat e della Lancia, con le quali questa città si è sempre identificata.

La bellezza delle colline, la qualità della vita (a Bra, a sud di Torino, è nato il movimento slow food, antitesi del frenetico fast food della cultura americanizzata), la qualità dei prodotti alimentari, dai formaggi al vino e alla carne, rappresentano l'evoluzione post-industriale dell'economia piemontese e attirano sempre più turisti sia da altre regioni, soprattutto nelle zone dei grandi vini, sia nelle "seconde case", cioè in case di campagna e di collina restaurate e usate nei fine settimana e nelle vacanze da chi vive in città.

Traforo: galleria stradale o ferroviaria, tunnel
Industria pesante: industria meccanica, basata sull'acciaio
Antitesi: posizione, idea contraria

Città

Come vedi dalla cartina le città sono sparse su tutto il territorio della regione.
Alessandria (ab. 90.852); sigla: **AL**; popolazione della provincia: 433.299 alessandrini.
Asti (ab. 73.281); sigla: **AT**; popolazione della provincia: 210.059 astigiani. Questa provincia è rinomata per la qualità dei suoi vini (dal barolo al barbera, dal dolcetto allo spumante) e, nella zona di Alba, per i tartufi, una specie di "patata" il cui profumo intensissimo è amato dai buongustai.
Biella (ab. 47.713); sigla: **BI**; popolazione: 189.931 biellesi. E' una città tradizionalmente legata all'industria tessile.
Cuneo (ab. 54.743); sigla: **CN**; popolazione: 554.348 cuneesi o cuneensi.
Novara (ab. 102.404); sigla: **NO**; popolazione della provincia: 341.405 novaresi.
Torino (ab. 914.818); sigla: **TO**; popolazione: 2.219.971 torinesi. Questa città, di origine romana come testimoniato dalle strade che si incrociano ad angolo retto, è stata per secoli capitale del ducato di Savoia, quindi culturalmente legata alla Francia – infatti i primi re d'Italia parlavano francese più che italiano; nel 1861 diviene capitale del Regno d'Italia, ma ragioni politiche (la necessità di dimostrare che non erano i Savoia che si erano annessi l'Italia) e geografiche (Torino è all'estremo Nord-ovest dell'Italia) consigliarono di spostare quasi subito la capitale a Firenze e poi, dal 1870, a Roma. Ancor oggi, tuttavia, Torino ha un'aria da capitale.
Verbania (ab. 30.188); sigla: **VB**; popolazione della provincia: 161.204 verbanesi; è una provincia di recentissima istituzione.
Vercelli (ab. 48.074); sigla: **VC**; popolazione: 181.224 vercellesi. In questa zona, come in provincia di Novara, ci sono ampie distese in cui si coltiva il riso: vengono allagate per alcuni mesi l'anno cambiando completamente il paesaggio.

< ■ La Mole antonelliana, Torino

La patria della grande industria

Leggendo le schede su Lombardia e Liguria vedrai che quelle due regioni, insieme al Piemonte, costituiscono il "triangolo industriale" italiano. Qui, negli anni Cinquanta-Sessanta, esplose il cosiddetto "miracolo economico": la guerra aveva distrutto tutte le vecchie fabbriche, e quindi con gli aiuti americani del Piano Marshall si costruirono nuovi impianti e l'industria ripartì in maniera rapidissima, richiamando centinaia di migliaia di contadini del Sud, che vennero qui e diventarono operai – una emigrazione di massa che creò molti problemi sociali, come abbiamo detto nella scheda sulla regione.
L'industria che portò al "miracolo" era basata soprattutto sull'acciaio, sulle automobili e sul materiale per le ferrovie; non va tuttavia dimenticata un'industria di Ivrea, la Olivetti, che fu leader mondiale nella micromeccanica (macchine da scrivere, calcolatrici, ecc.) e poi fu la prima azienda elettronica e informatica italiana.
In realtà l'industrializzazione del Piemonte è molto più antica: già nell'Ottocento c'erano industrie di livello europeo, e secondo alcuni storici le campagne di "liberazione" della Lombardia (1848 e 1859), di unificazione dell'Italia (1860-61) e la guerra contro l'Austria che occupava il Veneto e il Friuli (1866) rispondevano soprattutto ai bisogni del mondo industriale piemontese: conquistare i mercati dell'intera Italia offriva enormi prospettive alle esportazioni dell'industria piemontese e ligure.

A cavallo tra Otto e Novecento, intorno a Torino nascono la Fiat (Fabbrica Italiana di Automobili, Torino) e la Lancia, che ancor oggi costituiscono due dei marchi più importanti dell'industria automobilistica italiana; gli altri tre marchi (Alfa Romeo a Milano; Ferrari e Maserati a Modena, in Emilia) sono entrati a far parte del gruppo Fiat negli anni Ottanta, quindi oggi l'intera industria automobilistica italiana (con la sola eccezione della Lamborghini, vicino a Bologna) è governata da Torino – anche se oggi la Fiat è una multinazionale: molte delle sue azioni sono proprietà internazionali e ci sono fabbriche Fiat in Polonia, Russia, Argentina, Brasile, India, ecc.
La crisi dell'automobile, iniziata negli anni Novanta, ha portato preoccupazione soprattutto a Torino, città che si identifica con la sua fabbrica maggiore, ed ha obbligato l'industria pesante piemontese a iniziare un cambiamento che ancor oggi è in corso, con molti problemi sociali legati alla disoccupazione dei vecchi operai ormai "inutili".
Comunque, anche con i problemi legati alla trasformazione industriale e alla forte presenza di immigrati, il Piemonte rimane una delle regioni più ricche d'Europa.

Azioni: certificati che corrispondono a una piccola quota di proprietà dell'azienda; le azioni vengono scambiate nella Borsa.
Si identifica: si sente tutt'uno, una cosa sola con...

^ ■ Un calice colmo di vino passito.
^ ■ Qui sopra, tartufi bianchi raccolti in Piemonte.

^ ■ Vigneti delle Langhe in autunno.

La patria dello slow food

Negli anni Ottanta l'impatto del modo di vivere americano fu fortissimo in Italia; in particolare, cambiò l'organizzazione della giornata tipica degli italiani: tradizionalmente, nell'Italia delle piccole città e nelle campagne, si tornava a casa all'una per pranzare, e poi si tornava al lavoro, ma con la nascita di città sempre più grandi, con la diffusione del pendolarismo, e anche per influsso del modello americano che si vedeva nei film, si diffuse in Italia il fast food: non solo gli hamburger di McDonald's, ma anche i vari tipi di panini con salumi, verdure, formaggio, ecc. – il fast food all'italiana.

Ma nelle Langhe, la dolcissima regione collinare a sud di Torino, Asti, Alessandria, a Bra, c'è stata la reazione al fast food: significa tornare allo slow food, al cibo mangiato lentamente, con calma, privilegiando lo stare insieme, i sapori variati, il buon vino.
Sono nati quindi molti ristoranti, agriturismi, trattorie con questa filosofia: "se hai fretta e ti basta un panino o un hamburger non venire qui". In vent'anni la filosofia slow food ha conquistato tutta l'Italia e nelle schede di molte regioni troverai un discorso simile a questo che abbiamo fatto per il Piemonte: la rinascita di interesse per le piccole città, i paesi, i villaggi di campagna e di collina, che offrono tranquillità, cibo buono e genuino, la possibilità di rallentare il ritmo, dimenticando, almeno nel weekend, la fretta quotidiana della città moderna.

Ma il Piemonte aveva già esportato la sua cucina un secolo prima, anche se pochi lo ricordano: alla fine dell'Ottocento, prima che nascessero industrie che potevano dare da vivere a migliaia di operai, la disoccupazione era fortissima e centinaia di migliaia di piemontesi emigrarono, soprattutto in Argentina e Cile – e portarono con sé la grande tradizione del vino e dei formaggi; ancor oggi molti produttori della zona di Mendoza in Argentina e delle valli del vino tra Valparaiso e Talca in Cile hanno cognomi piemontesi!

Pendolarismo: il fatto che la gente vive in periferia e deve spostarsi in centro città per il lavoro
Agriturismi (che al plurale può anche restare agriturismo*):* case di contadini che nel weekend diventano ristoranti e devono servire, almeno in gran parte, carne e verdura di loro produzione
Genuino: autentico, non modificato artificialmente
Quotidiana: di ogni giorno

Liguria

www.regione.liguria.it

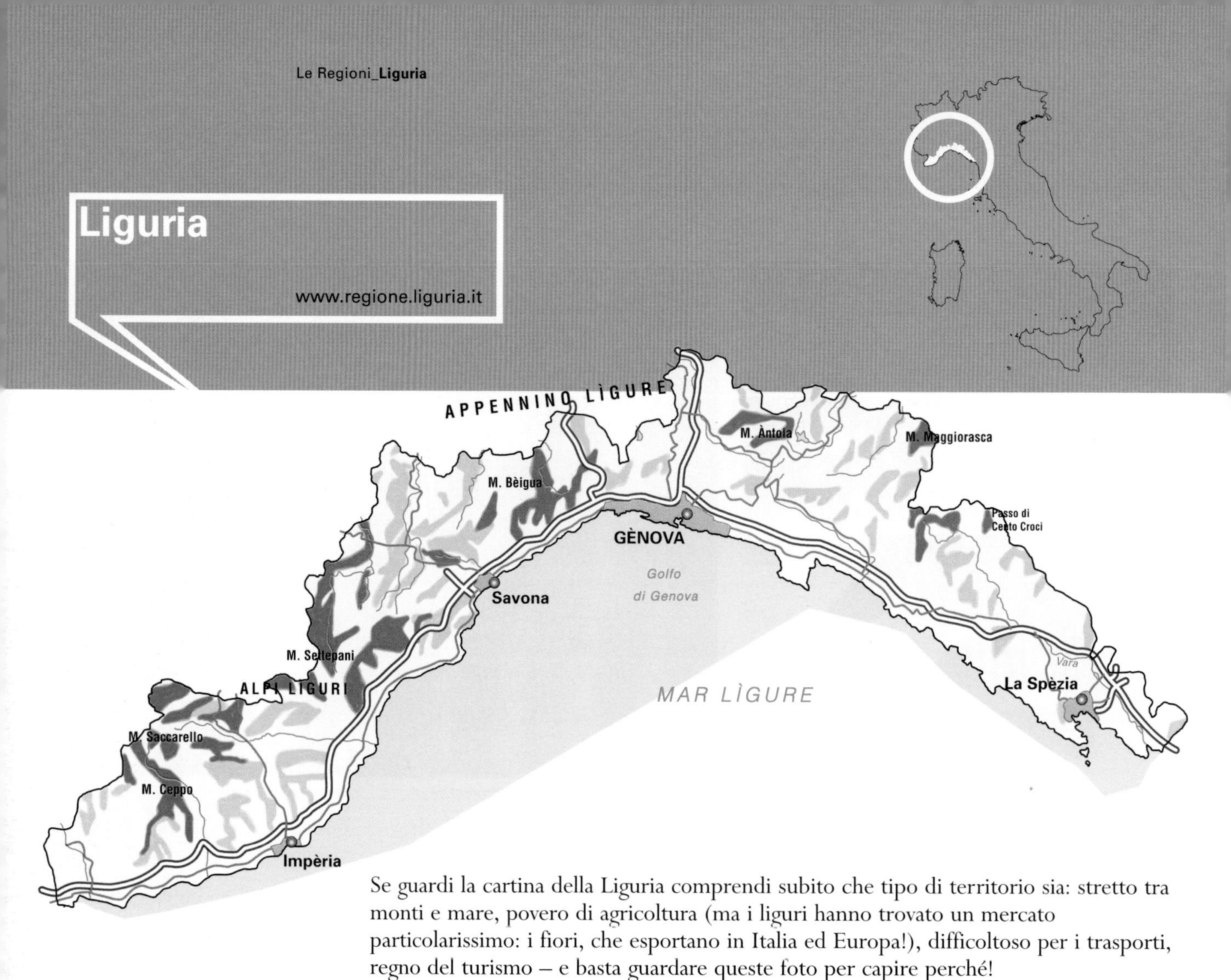

Se guardi la cartina della Liguria comprendi subito che tipo di territorio sia: stretto tra monti e mare, povero di agricoltura (ma i liguri hanno trovato un mercato particolarissimo: i fiori, che esportano in Italia ed Europa!), difficoltoso per i trasporti, regno del turismo – e basta guardare queste foto per capire perché!

Superficie	Kmq. 5.421.
Territorio	Montagna 65%, collina 34% pianura 0%
Acque	Non ci sono fiumi, solo torrenti che scendono rapidissimi dalle montagne al mare; con il disgelo in primavera, e con le piogge d'autunno, questi torrenti si trasformano spesso in strumenti di distruzione e morte; tutte le principali città sono attraversate dai "canyon" di questi corsi d'acqua, quindi la situazione è davvero molto delicata. Il mare: è la grande ricchezza di questa regione, sia per il turismo, sia per quanto riguarda il commercio: Genova fu una della grandi Repubbliche Marinare italiane del passato ed è il maggior porto italiano d'oggi.
Monti	Le Alpi Marittime e l'Appennino Ligure dominano questa regione: sono montagne dure, aspre, ma molto belle, ricoperte di boschi. Per secoli le montagne hanno difeso la Liguria dalle invasioni dei Celti, dei Franchi, dei Longobardi, ecc., ma hanno anche impedito ai liguri di avere comunicazioni facili con il Nord-ovest d'Italia.
Popolazione	1.641.835 liguri. Tra Otto e Novecento dalla Liguria c'è stata una grande emigrazione verso l'America.

Strade

Il sistema delle comunicazioni è costituito dalla strada costiera, dall'autostrada e dalla ferrovia, tutte parallele al mare. Oggi queste vie di comunicazione hanno delle buone connessioni con le strade e le ferrovie della Pianura Padana. Le strade e, soprattutto, la ferrovia che unisce l'Italia alla Francia (ricorda che Nizza, oggi in Francia, fu una città

ligure fino al 1859) rappresentano un grande problema per le città e i paesi: siccome c'è pochissimo spazio tra i monti e il mare, le vie di comunicazione passano in mezzo ai centri abitati, e in molti casi li tagliano nettamente in due; le autostrade, poi, sono spesso in mezzo ai palazzi, per cui passando in macchina ti sembra di entrare nel salotto dei genovesi. In questi ultimi anni si stanno facendo molti lavori per spostare la ferrovia in galleria, sotto le montagne, in modo da non avere questa grande cicatrice che attraversa tutte le città e i paesi della Liguria.

Economia

La Liguria vive di agricoltura sofisticata (fiori, olio d'oliva, verdure), di commercio marittimo e, soprattutto, di turismo.
Ci sono anche alcuni impianti industriali, spesso legati al mondo del mare; importante anche la presenza militare: La Spezia è una delle principali basi della Marina Militare Italiana.

↖ ■ In alto, Portofino.
∧ ■ Qui sopra, tipica costa ligure.

Città

Come vedi dalla cartina, sono tutte lungo la costa:
Genova (ab. 647.896); sigla: GE; popolazione della provincia: 920.549 genovesi; è la principale città, sede di una grande Fiera e di una Università, oltre che principale porto italiano.
Imperia (ab. 40.546); sigla: **IM**; la provincia ha 216.789 abitanti, detti imperiesi; molto famosa è una cittadina verso il confine francese, Sanremo: è la capitale della coltivazione dei fiori e in Febbraio vi si tiene il Festival della Canzone Italiana.
La Spezia (ab. 96.930); sigla auto: **SP**; la popolazione degli spezzini, in provincia, è di 223.400 abitanti.
Savona (ab. 63.559); sigla: **SV**; popolazione: 281.097 savonesi. E' detta anche "la città del vento", perché un vallone nelle montagne che ha alle spalle attira forti correnti di vento dal mare.

^ ■ Renzo Piano, genovese, il più famoso architetto italiano, al lavoro sulla pianta di Genova.

Una città laboratorio

Genova è una città morta e rinata molte volte, nella sua lunga storia e in questi anni sta rinascendo ancora una volta in maniera entusiasmante.
Dopo il Duecento Genova era la regina del Mediterraneo Occidentale – e spesso sfidava Venezia nell'Adriatico e nel Mediterraneo orientale: a Bisanzio, l'attuale Istanbul, esiste ancora un quartiere genovese, Galata. Nel 1492 un genovese, Cristoforo Colombo, scopre l'America – per conto degli spagnoli – e mette le basi per la rapida decadenza della sua città, visto che il Mediterraneo diviene un mare periferico e i grandi traffici si spostano sull'Atlantico.
Nel Settecento il declino di Genova è totale, ma un secolo dopo, con la nascita del Regno d'Italia nel 1861, Genova torna all'antico splendore, come unico grande porto del nord, anche perché l'Austria domina Venezia fino al 1866 e Trieste fino al 1918.
Genova è il porto della rivoluzione industriale italiana della fine dell'Ottocento, è il porto dei milioni di emigranti che partono per le Americhe, e dopo la seconda guerra mondiale (1939-45) è il porto del "miracolo economico" italiano degli anni Sessanta (cfr. scheda sul Piemonte). Poi, le crisi petrolifere, la globalizzazione, ecc. segnano il declino del porto commerciale a partire dagli anni Settanta.
A questo punto nasce un forte dibattito: "cosa fare della nostra città?". Una proposta che trova molto spazio è quella di seguire la via di Barcellona, città molto simile a Genova (in alcuni "carrugi", i vicoli genovesi, ti sembra di essere del Barrio Gotico di Barcellona!): eliminare il porto spostandolo di vari chilometri; trasformare le vecchie strutture portuali per costruire cinema, ristoranti, centri culturali capaci di attrarre vita, gente, e quindi investimenti, lavoro; l'altra proposta fondamentale è quella di spostare autostrada e ferrovia sotto terra.
Ci sono molti progetti, molte cose sono state fatte – ma molte rimangono da fare, anche perché modificare una città a strapiombo sul mare è più difficile che ritoccare la pianeggiante Barcellona. Il più grande architetto italiano di questi anni, Renzo Piano, è personalmente impegnato a ripensare la sua città, dopo aver progettato il Beaubourg a Parigi e l'aeroporto di Osaka, solo per citare due delle sue opere!
Sopra, lo vedi intento al suo lavoro – e quello che sta pensando è "semplicemente" di spostare l'aeroporto, oggi sul mare, di usare il porto come zona per pedoni... davvero un progetto enorme. Dovrai venire a Genova tra qualche anno a vedere come andrà a finire!

Le Americhe: usato al plurale, significa "America del Nord e del Sud"
A strapiombo: costa che scende ripida, quasi verticale

GENOVA CANTATA

Negli anni Sessanta sono comparsi in Italia i "cantautori", poeti che cantavano le loro composizioni: Genova è stata una delle capitali di questo movimento, insieme a Bologna. Hanno cominciato a cantare a Genova Gino Paoli, Luigi Tenco, Umberto Bindi, Ivano Fossati e tanti altri; il più grande di tutti, Fabrizio de André, ha scritto molte canzoni dedicate alla sua città.
Genova è stata cantata da questi cantautori (e qui trovi due strofe da una canzone di Fossati) ma anche da cantautori nati altrove – ed eccoti un brano famosissimo del piemontese Paolo Conte: sono testi che ti insegnano a vedere questa città magica da due punti di vista: il genovese Fossati guarda alla città di oggi con nostalgia per la vecchia Genova, mentre Conte ricorda l'inquietudine che un piemontese provava di quel mondo d'acqua "che non sta fermo mai"...

∧ ■ Gino Paoli.

∧ ■ Luigi Tenco.

∧ ■ Umberto Bindi.

∧ ■ Bruno Lauzi.

∧ ■ Ivano Fossati.

CHI GUARDA GENOVA - Ivano Fossati

Chi guarda Genova sappia che Genova si vede solo dal mare
quindi non stia lì ad aspettare
di vedere qualcosa di meglio, qualcosa di più
di quei gerani che la gioventù fa ancora crescere nelle strade [1].

Un porto di guerra senza nessun soldato,
senza che il conflitto sia mai stato dichiarato.
Un luogo di avvocati con i loro mobili da collezione [2]
e di commesse che gli avvocati la sera accompagnano alla stazione [3].

1. Il verso significa che ormai gli unici fiori sono i giovani, ma la città, da vicino, non vale la pena.
2. Mobili di antiquariato, costosi.
3. Fossati fa notare che i ricchi (gli avvocati) vivono a Genova, mentre gli impiegati vivono fuori, prendono il treno...

GENOVA PER NOI - Paolo Conte

Con quella faccia un po' così [1]
quell'espressione un po' così
che abbiamo noi prima di andare a Genova,
che ben sicuri mai non siamo
che quel posto dove andiamo
non c'inghiotta [2] *e non torniamo più.*

Eppur parenti siamo un po'
di quella gente che c'è lì,
che in fondo in fondo è come noi, selvatica [3],
ma che paura ci fa quel mare scuro
che si muove anche di notte
e non sta fermo mai.

1. Espressione che vuol dire, elegantemente, che non è un'espressione molto intelligente.
2. Ci mangi in un solo boccone.
3. Imprevedibile, non sofisticata.

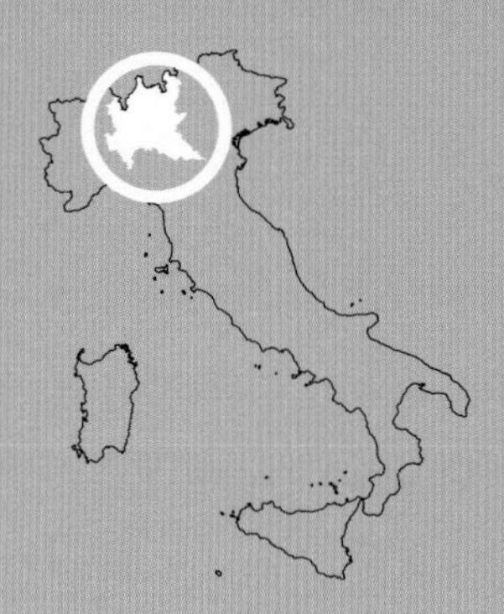

Lombardia

www.regione.lombardia.it

La Lombardia prende il nome dai Longobardi, i "barbari" che tra il 6° e il 9° secolo dominarono gran parte dell'Italia facendo di Pavia la loro capitale; è la regione più popolosa, più ricca, economicamente più importante d'Italia. Milano è chiamata "la capitale morale", cioè Roma è la capitale storica e burocratica, ma la vera capitale economica e culturale è Milano – che già dal 4° secolo gli imperatori romani preferivano a Roma, troppo lontana dalle grandi vie di comunicazione europee.

Superficie	Kmq. 23.861.
Territorio	Montagna 40%, collina 12% pianura 48%.
Acque	La Lombardia è la regione dei grandi laghi italiani, nati nelle valli scavate dai ghiacciai e quindi stretti e lunghi; ogni lago nasce da un fiume: il Ticino forma il lago Maggiore, l'Adda quello di Como, l'Oglio crea il lago d'Iseo e il Mincio il lago di Garda. Tutti questi fiumi, e tutti gli altri che scendono dalle valli alpine, sono affluenti del Po, che segna il confine a sud tra Lombardia ed Emilia.
Monti	Il nord della Lombardia è costituito dalle Alpi, percorse da molte vallate; la maggiore è la Valtellina, un'ampia valle glaciale che va dal lago di Como al **passo** dello Stelvio, verso Bolzano.
Popolazione	9.000.000 di lombardi, cui si aggiungono i moltissimi immigrati.

Strade

La Lombardia, per la sua tradizione industriale, la sua ricchezza, la sua rete di città e cittadine, è caratterizzata da una grande quantità di strade e ferrovie; inoltre, Milano è il centro economico della Pianura Padana e quindi il punto di incontro di tutte le vie di comunicazione; se immagini il sistema autostradale e ferroviario italiano come una "T", la linea orizzontale è Torino-Milano-Trieste, quella verticale è Milano-Napoli.

v ■ Una borsa con lo stemma della Regione.

Economia

La Lombardia, insieme al Piemonte, fu al centro della prima rivoluzione industriale italiana. Già nel Seicento si sviluppò l'industria della seta e dei tessuti; poi, dopo un secolo di crisi dovuta alle guerre napoleoniche e al passaggio della Lombardia al dominio austriaco, alla fine dell'Ottocento qui rinasce l'industria italiana; nel dopoguerra, Milano diventa la capitale economica d'Italia: è la sede di molte industrie, della principale Borsa, della Fiera più importante del Paese.

Città

Come vedi dalla cartina, la Lombardia è costellata di città importanti:
Bergamo (ab. 117.619); sigla: **BG**; popolazione della provincia: 949.862 bergamaschi. La città vecchia, costruita su una collina, era stata quasi abbandonata, ma negli ultimi anni è stata restaurata ed oggi è uno dei più bei centri storici italiani.
Brescia (ab. 190.518); sigla: **BS**; popolazione: 1.080.212 bresciani. Ci sono importanti rovine romane.
Como (ab. 83.637); sigla: **CO**; popolazione della provincia: 535.471 comaschi.
Cremona (ab. 72.129); sigla: **CR**; popolazione: 332.040 cremonesi.
Lecco (ab. 45.324); sigla auto: **LC**; popolazione provinciale: 305.964 lecchesi.
Lodi (ab. 41.990); sigla: **LO**; popolazione della provincia:

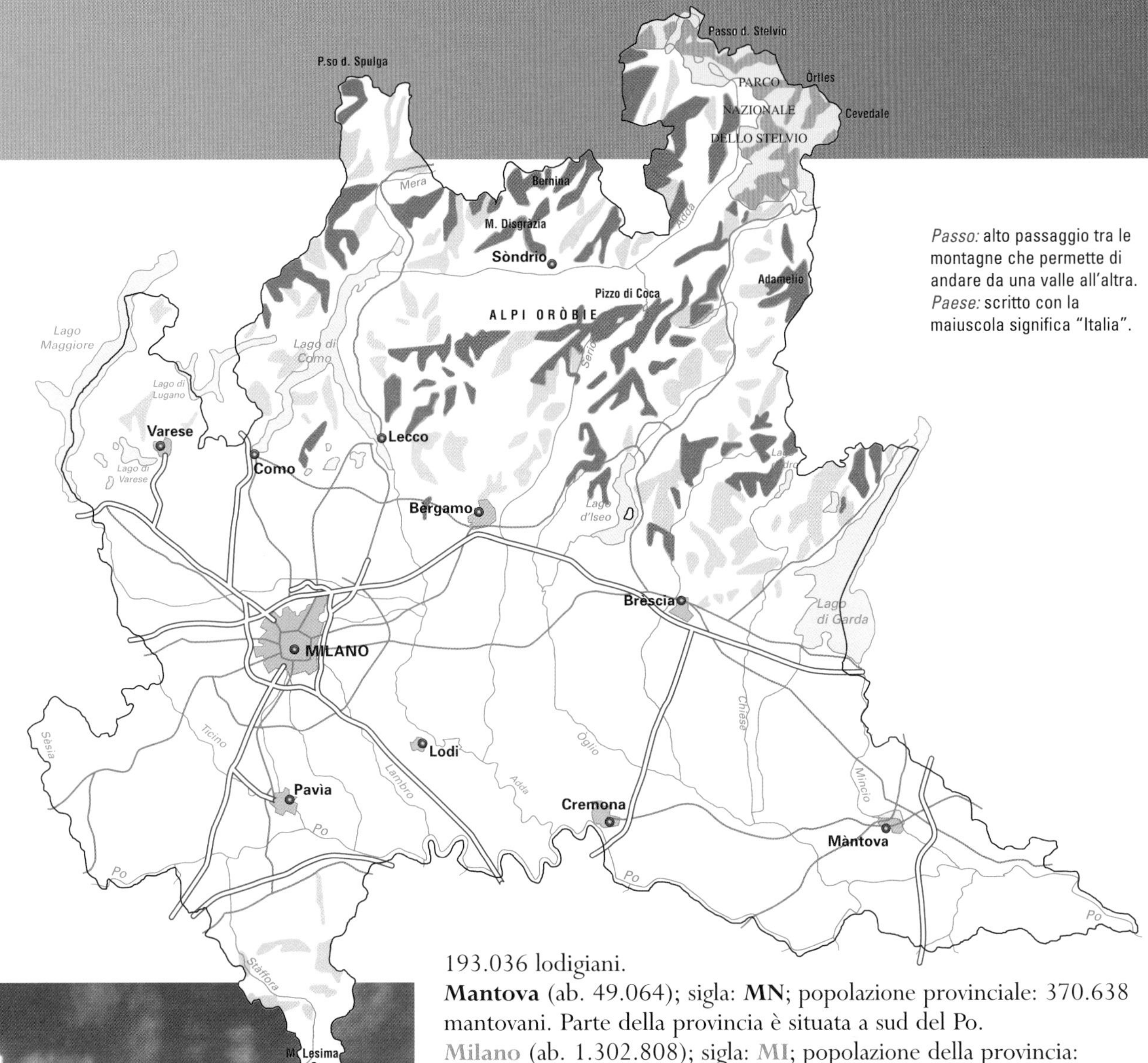

Passo: alto passaggio tra le montagne che permette di andare da una valle all'altra.
Paese: scritto con la maiuscola significa "Italia".

193.036 lodigiani.
Mantova (ab. 49.064); sigla: **MN**; popolazione provinciale: 370.638 mantovani. Parte della provincia è situata a sud del Po.
Milano (ab. 1.302.808); sigla: **MI**; popolazione della provincia: 3.737.246 milanesi.
Pavia (ab. 74.065); sigla: **PV**; popolazione: 495.406 pavesi; è sede di una antica e prestigiosa università.
Sondrio (ab. 22.045); sigla: **SO**; popolazione: 177.298, detti sondraschi. La provincia è costituita dalla Valtellina.
Varese (ab. 84.187); sigla auto: **VA**; popolazione: 811.778 varesotti o varesini.

< ■ A fianco, nuovi grattacieli alla Fiera di Milano.
v ■ Qui sotto, una vecchia fattoria nella pianura.

^ ■ Le fortificazioni di Peschiera, sul lago di Garda.

Glaciazioni: periodi in cui la temperatura della Terra si è abbassata e la neve e i ghiacci hanno coperto molte zone che oggi hanno un clima mite, come la Pianura Padana.
Massi: grandi sassi, spesso del diametro di alcuni metri; pezzi di roccia che si staccano dalle montagne.
Fiordo: vallone stretto, dai fianchi alti, in cui il mare entra profondamente nella costa; sono tipici quelli della Norvegia e del sud del Cile.
Seconde case: abitazioni usate per il fine settimana e il tempo libero, non come abitazione principale.

La regione dei laghi

Durante le grandi glaciazioni il ghiaccio scendeva dalle Alpi verso la Pianura Padana; i grandi ghiacciai, veri fiumi di ghiaccio, scavavano enormi valli, dal tipico profilo a "U", con il fondo arrotondato. Quando le temperature ricominciarono a salire, i ghiacciai si sciolsero e depositarono nel punto più basso in cui erano arrivati tutti i massi, i tronchi, i sassi, la terra che avevano tolto ai fianchi delle montagne: lasciarono in tal modo delle colline, a forma di mezzaluna e le valli si riempirono di acqua, creando laghi stretti e lunghi, tutti in direzione nord-sud, come hai visto nella cartina alla pagina precedente.
Partendo da ovest, al confine con il Piemonte, il primo che trovi è il lago Maggiore, che malgrado il nome non è il più grande, e che in parte si trova in Ticino, il "cantone" (cioè la provincia) svizzero dove si parla italiano; diviso tra Svizzera e Italia è anche il lago di Lugano, mentre il piccolo lago di Varese è tutto italiano anche se è sul confine.
Nel centro della Lombardia trovi poi il lago più caratteristico, quello di Como, dalla tipica forma a "Y" rovesciata: assomiglia a un fiordo più che a un lago, ed è lo scenario del più famoso romanzo italiano, *I promessi sposi* di Alessandro Manzoni; trovi un brano dedicato al lago di Como nella pagina qui a fronte. Per secoli il fiume che esce dal lago di Como, l'Adda, è stato il confine tra il Ducato di Milano e la Repubblica di Venezia.
Ancora più a est trovi il bellissimo lago d'Iseo e poi, sul confine con il Veneto, il più grande dei laghi italiani, il Garda.
Questi laghi svolgono un importante ruolo nel turismo, perché le bellissime strade che li fiancheggiano sono molto visitate e perché molti abitanti delle città della pianura – calde d'estate e nebbiose d'inverno – passano il fine settimana in seconde case sui laghi.
I laghi hanno un'altra importante funzione: queste grandi masse d'acqua conservano a lungo il calore del sole e quindi intorno a loro il clima è dolce: sul Garda crescono perfino i limoni e gli ulivi! Nei secoli passati questo clima dolce permise la coltivazione di una pianta particolare, il gelso, le cui foglie sono il cibo preferito dei bachi, gli animaletti che producono la seta. Proprio quella dei tessuti fu la prima vera e propria industria in Italia.

Il lago di Como con gli occhi di Manzoni

I promessi sposi racconta la storia di Renzo e Lucia; due ragazzi di Pescarenico, paesino sul lago di Como, vogliono sposarsi, ma il signorotto spagnolo (il Ducato di Milano fu per oltre un secolo dominio spagnolo) vuole Lucia per sé. Renzo e Lucia devono scappare verso Milano: eccoti, attraverso i loro occhi, il paesaggio in cui sono cresciuti e che è così doloroso lasciare.

Non tirava un alito [1] di vento: il lago giaceva liscio e piano, e sarebbe parso [2] immobile, se non fosse stato il tremolare e l'ondeggiar leggero della luna, che vi si specchiava da mezzo il cielo. S'udiva soltanto il fiotto [3] morto e lento frangersi [4] sulle ghiaie del lido, il gorgoglìo [5] più lontano dell'acqua rotta tra le pile [6] del ponte, e il tonfo misurato di que' due remi, che tagliavano la superficie azzurra del lago, uscivano a un colpo grondanti [7], e si rituffavano. L'onda segata dalla barca, riunendosi dietro la poppa [8], segnava una striscia increspata, che s'andava allontanando dal lido. I passeggeri silenziosi, con la testa voltata indietro, guardavano i monti, e il paese rischiarato dalla luna, e variato qua e là di grand'ombre. Si distinguevano i villaggi, le case, le capanne: il palazzotto di don Rodrigo, con la sua torre piatta, elevato sopra le casucce ammucchiate alla falda [9] del promontorio, pareva un feroce che, ritto nelle tenebre, in mezzo a una compagnia d'addormentati, vegliasse, meditando un delitto. Lucia lo vide, e rabbrividì; scese con l'occhio giù giù per la china [10], fino al suo paesello, guardò fisso all'estremità, scoprì la sua casetta, scoprì la chioma [11] folta del fico che sopravanzava il muro del cortile, scoprì la finestra della sua camera; e, seduta, com'era, nel fondo della barca, posò il braccio sulla sponda, posò sul braccio la fronte, come per dormire, e pianse segretamente.
Addio, monti sorgenti dall'acque, ed elevati al cielo; cime inuguali, note a chi è cresciuto tra voi, e impresse nella sua mente, non meno che lo sia l'aspetto de' [12] suoi più familiari; torrenti, de' quali distingue lo scroscio [13], come il suono delle voce domestiche; ville sparse e biancheggianti sul pendio, come branchi di pecore pascenti [14]; addio! Quanto è triste il passo di chi, cresciuto tra voi, se ne allontana! Alla fantasia di quello stesso che se ne parte volontariamente, tratto dalla speranza di fare altrove [15] fortuna, si disabbelliscono [16], in quel momento, i sogni della ricchezza; egli si maraviglia di essersi potuto risolvere, e tornerebbe allora indietro, se non pensasse che, un giorno, tornerà dovizioso [17].

Lecco
Como

∧ ■ Il Lago di Como, l'ambiente de *I promessi sposi.*

1. Soffio leggero.
2. Sembrato.
3. Onda.
4. Rompersi.
5. Borbottìo, rumore dell'acqua.
6. Piloni di sostegno.
7. Pieni di acqua
8. La parte posteriore della barca.
9. Ai piedi.
10. Pendio, discesa.
11. Insieme di rami e foglie.
12. Dei.
13. Rumore dell'acqua.
14. Che pascolano, mangiano l'erba.
15. In un altro luogo.
16. Diventano poco belli.
17. Ricco.

Una centrale di fine Ottocento costruita in stile floreale sul fiume Adda.

La culla dell'industria italiana

Abbiamo già detto che i laghi hanno avuto una funzione importante nel far nascere la prima industria italiana, quella della seta, che esportò per secoli i suoi prodotti in tutt'Europa.
I fiumi che portano ai laghi hanno avuto un'altra funzione fondamentale: nell'Ottocento lungo i fiumi sono nate centrali a vapore, che fornivano energia alle prime industrie, e poi con il primo Novecento sono nate centrali che hanno fornito elettricità alle grandi città e alle industrie: questa abbondanza di energia ha creato le condizioni per la Rivoluzione Industriale italiana.
Fu qui, anche per la grande disponibilità di acqua fredda ed abbondante, che nacquero le acciaierie: le più famose erano le Falck: il nome tedesco ti ricorda che per mezzo secolo la Lombardia fu parte dell'Impero Austro-Ungarico: da lì venivano i capitali e quindi i grandi capitalisti; l'acciaio serviva per le fabbriche di trattori, di macchine per spostamento terra, di automobili: l'Associazione Lombarda dei Fabbricanti di Automobili diede origine a una sigla che ancor oggi rappresenta un mito nel settore delle macchine sportive: ALFA.
La seconda guerra mondiale fu un disastro per il "triangolo industriale" (Milano, Torino, Genova): fu bombardato e distrutto. Ma alla fine della guerra gli Stati Uniti decisero di aiutare alcune delle nazioni sconfitte e con il Piano Marshall finanziarono la ricostruzione delle industrie del Nord-ovest, che quindi si trovò ad avere impianti nuovi, tecnologicamente avanzati. Mancavano gli operai necessari per quello che fu definito "il miracolo italiano" o "il boom" degli anni Cinquanta-Sessanta: e così, milioni di contadini delle regioni del sud abbandonarono i loro campi, la povertà, l'incertezza e vennero a Milano e Torino con il sogno del posto fisso, dello stipendio sicuro. Ci furono casi di razzismo, ci fu enorme sofferenza sia per chi lasciava il sole del Sud per le nebbie del nord, ma anche per gli anziani e i contadini delle campagne lombarde che non capivano l' "invasione" dei meridionali e vedevano cambiare rapidamente il loro mondo.
Oggi l'industria si è diffusa in tutta l'Italia del centro-nord, e gli impianti lombardi rappresentano la vecchia industria pesante che è stata sostituita da quella leggera, dalle piccole imprese del Nord-est – ma la tradizione industriale e finanziaria fa comunque di Milano la capitale economica d'Italia.

NON SOLO INDUSTRIA!

Abbiamo parlato finora di industria – ma c'è un altro volto della Lombardia: le colline dolcissime in cui si producono alcuni dei migliori vini italiani, soprattutto vicino a Brescia, nella Franciacorta; le pianure, con i vasti campi di grano; le valli – tra cui prima di tutto la lunga e ampia Valtellina – in cui le specialità agricole, i formaggi, i salumi, tutti di altissima qualità, producono un reddito pari a quello delle industrie della pianura.
In questa pagina vedi un salume: anche ebrei ed islamici possono mangiarlo, perché non è di maiale ma di manzo: è la bresaola, tipica della Valtellina. Uno dei grandi problemi per tutte le popolazioni fino all'invenzione dei frigoriferi era la conservazione della carne, che quindi veniva salata perché il sale impedisce ai batteri di crescere. Mentre le altre popolazioni italiane salavano il maiale, nelle colline e nelle valli lombarde trovarono il modo di salare e conservare interi pezzi di mucca, per cui la bresaola è molto più sana e leggera di molti altri salumi.
Se la bresaola è leggera, non si può dire lo stesso del resto della cucina delle colline e dei monti lombardi: burro e altri grassi animali sono dappertutto, i formaggi sono grassissimi – ma sono perfetti per le giornate fredde e nevose, e sono ottimi nella polenta "taragna", un poverissimo tipo di polenta non raffinata diffuso in alta Lombardia (ma poi servono otto ore di corsa su e giù per i monti se si vogliono bruciare le calorie...).
In questa pagina trovi anche la foto di alcuni funghi, di cui sono ricchi i boschi lombardi e che costituiscono una delle basi della cucina delle Alpi e Prealpi.
Abbiamo affiancato questa pagina "golosa" al discorso sul ruolo della Lombardia nell'industrializzazione italiana per ricordarti che anche in questa regione ricca, popolosa, internazionale, sopravvivono gli antichi sapori contadini accanto ai McDonald's importati dalla globalizzazione.

<■ Bresaola

v■ Polenta taragna

v■ Funghi porcini

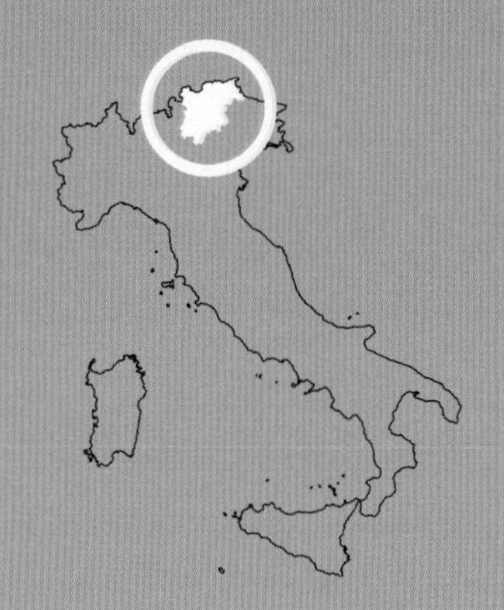

Trentino e Alto Adige

www.regione.taa.it

Il nome di questa regione è complesso e va spiegato, anche perché è la chiave per comprendere questo territorio, che fino al 1918 era parte dell'Impero Austro-Ungarico.
La prima parola che trovi, Trentino, si riferisce alla provincia a sud della regione: è una zona in cui si parla italiano (tranne in una valle, come vedremo sotto); le altre due parole sono state oggetto di molta tensione: la versione ufficiale è "Alto Adige", la parte alta della valle dell'Adige, se la si guarda dall'Italia; ma vista dalle Alpi, questa provincia ha un altro nome, Sud Tirolo. Il Tirolo è la regione austriaca a cavallo delle Alpi, con capitale Innsbruck a nord e Bolzano, o Bozen, a sud; il tedesco è la lingua di questa provincia, insieme all'italiano e al ladino. Molti preferiscono usare un termine neutro: "Provincia di Bolzano".
Le due province sono riconosciute dalla Costituzione come autonome sul piano legislativo.

Superficie	Kmq. 13.607.
Territorio	Montagna 100%, collina 0%, pianura 0%.
Acque	La regione è costituita dalla valle dell'Adige, verso la quale vanno molti affluenti che creano fertili vallette laterali. La parte superiore del lago di Garda, con la cittadina di Riva, è in provincia di Trento.
Monti	Il territorio, come abbiamo visto sopra, è al 100% montuoso; a nord le Alpi possono essere attraversate in uno dei passi fondamentali per la storia europea, il Brennero, dove da millenni passano persone, merci, (e, nella storia, eserciti) tra il Mediterraneo e il mondo tedesco; verso la Lombardia il passo più famoso è lo Stelvio, talmente alto che si può sciare anche in piena estate perché la neve è eterna, non si scioglie mai; in queste montagne c'è il Parco Nazionale dello Stelvio. A est troviamo le Dolomiti, tra le più celebri montagne del mondo: grandi torri di colore rosato, dovuto al fatto che in origine erano coralli sul fondo del mare...
Popolazione	930.000 persone, detti "trentini" e "altoatesini" o "sudtirolesi".

< ■ Castel Ivano è una delle tante fortezze della valle dell'Adige, che doveva essere tenuta sotto controllo essendo la principale via di comunicazione con l'Europa.

v ■ La Val di Sole, una delle valli laterali che dalle montagne scendono all'Adige. Sullo sfondo, il Parco Nazionale dello Stelvio.

Lingue

La lingua più parlata del Trentino è l'italiano, ma nella Val di Fassa, verso il confine con il Veneto, si parla anche il ladino. Nella Provincia di Bolzano le lingue ufficiali sono tre: il tedesco, parlato soprattutto nelle parti montuose, l'italiano, parlato soprattutto nella valle centrale e a Bolzano, e il ladino, parlato nella parte est della provincia, verso il Veneto. Ciò significa che i sistemi scolastici sono in pratica tre: italiani e tedeschi hanno la scuola nella loro lingua madre e studiano l'altra lingua come "seconda lingua"; i ladini studiano ladino a scuola, e poi svolgono parte delle materie in tedesco e parte in italiano.

Strade

Lungo l'Adige corrono strade locali, la ferrovia e l'autostrada che portano in Austria; le strade locali scendono dalle valli laterali verso questo asse sud-nord. L'autonomia e la ricchezza delle due province hanno fatto sì che il sistema stradale sia molto ben curato.

Economia

La ricchezza della regione viene dal turismo, dall'agricoltura di alto livello (soprattutto mele e vino), dall'allevamento di animali che danno formaggi famosi e ottimi salumi (tra cui lo speck, tipico di queste valli), e dalle molte piccole industrie nel fondovalle. E' quindi un'economia solida, con vari tipi di produzione, molto diversificata. La posizione geografica aiuta molto l'economia facilitando i trasporti e gli scambi tra Italia e Germania.

Città

Come vedi dalla cartina, le città principali sono due, ma bisogna segnalare anche Merano in Provincia di Bolzano e Rovereto a sud di Trento. Le due province sono:
Bolzano (ab. 97.073); sigla: **BZ**; popolazione della provincia: 457.370; la provincia è germanofona, ma la città è a maggioranza italiana, anche se la sua architettura da chiaramente l'impressione di essere in Austria; gli abitanti si chiamano "bolzanini".
Trento (ab. 103.668); sigla: **TN**; popolazione della provincia: 466.911. La città ha un aspetto rinascimentale, in quanto molti degli edifici del centro storico risalgono al Cinquecento, quando qui si svolse il Concilio di Trento.

Il punto di contatto tra due mondi

La valle dell'Adige è sempre stata il percorso naturale tra nord e sud Europa: prima furono i romani a salire verso nord; poi per secoli l'Italia del nord fu parte del Sacro Romano Impero, impero tedesco malgrado il nome, e gli eserciti venivano da nord. Proprio per questa funzione di punto di contatto tra i due mondi Trento fu scelta come sede del più importante Concilio Ecumenico, cioè la riunione di tutti i vescovi, in cui si incontrarono e scontrarono i protestanti e i cattolici.
Nella letteratura tedesca troviamo varie descrizioni di viaggiatori che, attraversato il Brennero, arrivano nella "terra del sole". A pag. 50 trovi una descrizione di Wolfgang Goethe, che alla fine del Settecento fece, come tutti i nobili e gli intellettuali, il grand tour in Italia.

1. Un po' di strada.
2. Ripidi, con le pareti verticali.
3. Altezza.
4. Colline.
5. Con eleganza.
6. Tra un filare di vite e l'altro c'è del mais.
7. Si innalza.
8. Lo stelo è il "tronco" di un fiore o di una pianta verde.
9. Tre metri.
10. La pannocchia, cioè la grande spiga dove trovi i grani di mais, ha sulla punta un "pennacchio", un insieme di filamenti, che sembrano spettinati, disordinati.
11. Quando gli insetti hanno spostato il polline, la polvere che feconda il fiore, le parti maschili (i "pennacchi") vengono tagliate.
12. Dolce, serena, felice.
13. Atteggiamento di chi sa di vivere in un posto fortunato, sa come è quel mondo.
14. Cesti di 120 centimetri di diametro.

BOLZANO, 8 SETTEMBRE 1786

Sul far del giorno scorsi le prime alture ricoperte di vigneti. Mi venne incontro una donna con pere e pesche, proseguimmo per Teutschen dove arrivai alle sette per proseguire poi immediatamente. Dopo aver percorso un tratto [1] verso ovest, quando il sole era già alto vidi finalmente la valle in cui si trova Bolzano.

Circondata da monti scoscesi [2], coltivati fino ad una quota [3] notevole, è aperta verso sud, protetta a nord dalle montagne tirolesi. L'aria era tiepida e dolce. Qui l'Adige scorre nuovamente verso sud. Le alture [4] ai piedi dei monti sono coltivate a vigneti. Le viti si estendono in filari lunghi e bassi, i grappoli azzurri pendono con grazia [5] dall'alto e maturano al calore del terreno assai vicino. Anche nella parte pianeggiante della valle, dove solitamente ci sono solo prati, la vite si coltiva allo stesso modo, in filari piantati a distanza ravvicinata inframezzati da granturco [6] che svetta [7] in steli [8] sempre più alti. L'ho visto spesso raggiungere i dieci piedi [9]. I pennacchi arruffati [10], la parte maschile, non sono ancora stati tagliati come avviene a impollinazione avvenuta [11].

Sono arrivato a Bolzano in una lieta [12] luce solare. I volti dei numerosi venditori mi rallegrarono. Esprimono in modo assai vivace un'esistenza consapevole [13], serena. Nella piazza del mercato erano sedute delle fruttivendole con ampie ceste piatte, dal diametro superiore a quattro piedi [14], sulle quali le pesche sono disposte ordinatamente in modo che non si schiaccino, e così anche le pere.

Johann Wolfgang von Goethe: *Viaggio in Italia*, traduzione di Anna Biguzzi.

ANALISI

Questo testo aiuta a capire cosa significava l'Italia per un tedesco due secoli fa.

Pere e mele compaiono all'inizio e alla fine del testo. Sono "proibite", protette da una siepe? Cosa significa per Goethe il modo in cui gli vengono presentate?

A metà del testo sono citati due punti cardinali: quale è positivo, aperto, e quale è negativo e obbliga a proteggersi?

C'è tanta luce: sottolinea tutti gli aggettivi. Descrivendo la Germania a settembre Goethe avrebbe usato questi aggettivi, secondo te?

Ci sono anche aggettivi che riguardano la vita: trovali e capirai che l'Italia, per i nordici, era (e forse è ancor oggi) vista in modo particolare.

> ■ Mercatino natalizio a Bolzano.

UNA VALLE DI FRUTTA

A pag.49 hai una vista della Val di Sole: come vedi è formata a "U", è stata creata da un ghiacciaio. La valle centrale dell'Adige e le principali valli laterali sono di questo tipo: quindi si prestano bene ad essere coltivate, sia perché sul fondovalle c'è terreno buono, sia perché l'ampiezza della valle permette al sole di arrivare.
Nel testo che hai appena letto Goethe parla di pere e pesche. Oggi la frutta principale del Trentino e della Provincia di Bolzano è la mela, di cui è il maggior produttore italiano; inoltre, tutti i fianchi delle valli sono coperti da filari di vite, che danno vini di altissima qualità, dal miglior "champagne" italiano, il Ferrari, al rosso "teroldego", uno dei vini italiani più esportati.
In questa pagina trovi anche la foto di un salume tipico di queste terre, lo speck: una specie di prosciutto molto magro e speziato.
Pascoli per le mucche, viti, frutteti fanno di questa regione un luogo in cui l'agricoltura ha saputo trasformarsi in industria e garantire ricchezza agli abitanti.

∧ ■ Le famose mele della valle dell'Adige.

UNA VALLE DI TURISTI

Laghi, monti, vallate, boschi: d'estate e d'inverno qui trovi più turisti che abitanti. Ma non è solo un turismo legato alla natura: moltissimi centri infatti organizzano fiere, feste, celebrazioni per riempire le serate dei turisti, dopo lo sci o le lunghe passeggiate. Goethe, nel suo testo, descrive il mercato di Bolzano. C'è ancora, e nella foto lo vedi con un grande albero di Natale. Altre ragioni per cui queste due province sono capitali del turismo sono l'assoluta pulizia, l'ordine, il silenzio di queste zone.

Speziato: insaporito con spezie, cioè pepe ed erbe odorose, aromatiche
Pascoli: prati coperti d'erba dove "pascolano", cioè mangiano, gli animali da allevamento

< ■ Lo speck, il tipico salume del Trentino e dell'Alto Adige.

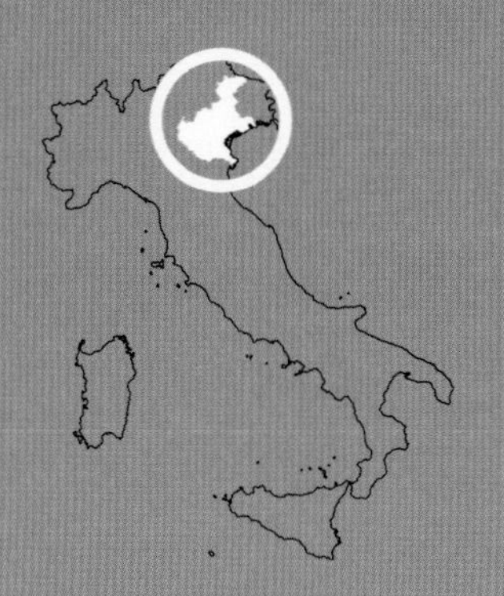

Veneto

www.regione.veneto.it

Superficie	Kmq. 18.391.
Territorio	Montagna 29%, collina 14%, pianura 57%.
Acque	Il Veneto è una vera "regione d'acqua": le montagne e le colline sono tagliate da centinaia di torrenti e fiumi che scendono dalle Alpi, e le pianure erano acquitrini, cioè un misto di acqua e terra, fino a pochi secoli fa. La sua costa è ancor oggi un luogo magico in cui acqua e terra si intrecciano, dal Delta del Po, con i suoi immensi canneti, alla Laguna di Venezia. Fino a mille anni fa la laguna andava da Ravenna, a sud del Po, fino ad Aquileia, la grande città vicino a Trieste, passando per grandi città come Clodia (Chioggia), Altino (Mestre), Concordia (Portogruaro) e Grado. Nei secoli, grandi fiumi come il Piave e il Tagliamento hanno riempito di terra le lagune tra Venezia e Grado, mentre l'Adige ha separato la laguna di Venezia dal Delta del Po creando una serie di isole e penisole. Anche la laguna Veneta sarebbe scomparsa, perché il Brenta, che scorreva nel Canal Grande, portava terra, rami, sassi dalle Alpi: ma i veneziani spostarono il Brenta, il Sile e il Piave per conservare la laguna. Il Veneto è dunque la regione italiana più legata all'acqua, dai laghi (Garda) ai fiumi (Po, Adige, Brenta, Piave, Sile, Tagliamento), dalla laguna al mare.
Monti	In Veneto trovi le Dolomiti, che ospitano la più famosa stazione turistica alpina, Cortina d'Ampezzo. Ma oltre alle montagne spettacolari, vanno ricordate anche le Prealpi, la zona collinare dove si producono alcuni dei vini italiani più pregiati.
Popolazione	4.500.000 veneti. Il Veneto era poverissimo e quindi fu terra di grandi emigrazione: ti basti pensare che solo nel sud del Brasile ci sono ancor oggi 2.500.000 discendenti di emigranti veneti che parlano *taliàn*, un dialetto veneto ottocentesco con tratti di portoghese.

Strade

Il Veneto è una regione con tante piccole città sparse su tutto il territorio, per cui è un vero reticolo di strade. Mestre, in particolare, è uno dei crocevia autostradali e ferroviari più importanti: da ovest giunge il "Corridoio Europeo 5", che unisce la Spagna all'Ucraina passando per Milano e Trieste; da questo asse orizzontale partono varie autostrade e ferrovie verticali: a Verona c'è l'autostrada che porta in Germania; a Padova arriva l'autostrada da Bologna e dal sud; dopo Mestre un'altra autostrada va a nord, verso Belluno (e, in futuro, Austria e Germania), e sul confine con il Friuli un'altra autostrada va verso Pordenone e poi scorre lungo le Prealpi.

Economia

La regione era poverissima fino agli anni Sessanta, poi molti lavoratori che erano emigrati in Germania e Francia sono rientrati e hanno unito la loro esperienza ed i loro risparmi a quelli degli operai-contadini che lavoravano nelle industrie di Porto Marghera, creando moltissime

> ■ Porto Marghera, a 4 Km da Venezia, è stato causa di grande inquinamento; oggi è in fase di trasformazione in un parco scientifico e tecnologico, ma ancora ci sono raffinerie e industrie chimiche.

piccole industrie: è il cosiddetto "modello veneto" di sviluppo, che ha creato la ricchezza del Nord-est ed ha segnato il passaggio all'economia post-industriale: aziende piccole, lavoro flessibile, produzione che si adatta alle richieste del mercato, enorme capacità di esportazione. Questa vita concentrata sul lavoro ha provocato però molti problemi sociali, dovuti all'arricchimento improvviso di una popolazione non sempre pronta culturalmente a gestire la ricchezza ed il lavoro.

Oltre alle piccole industrie (spesso divenute molto grandi: basti pensare a Benetton, Stefanel, De Longhi e Luxottica, il leader mondiale degli occhiali), il Veneto è la principale regione turistica italiana..

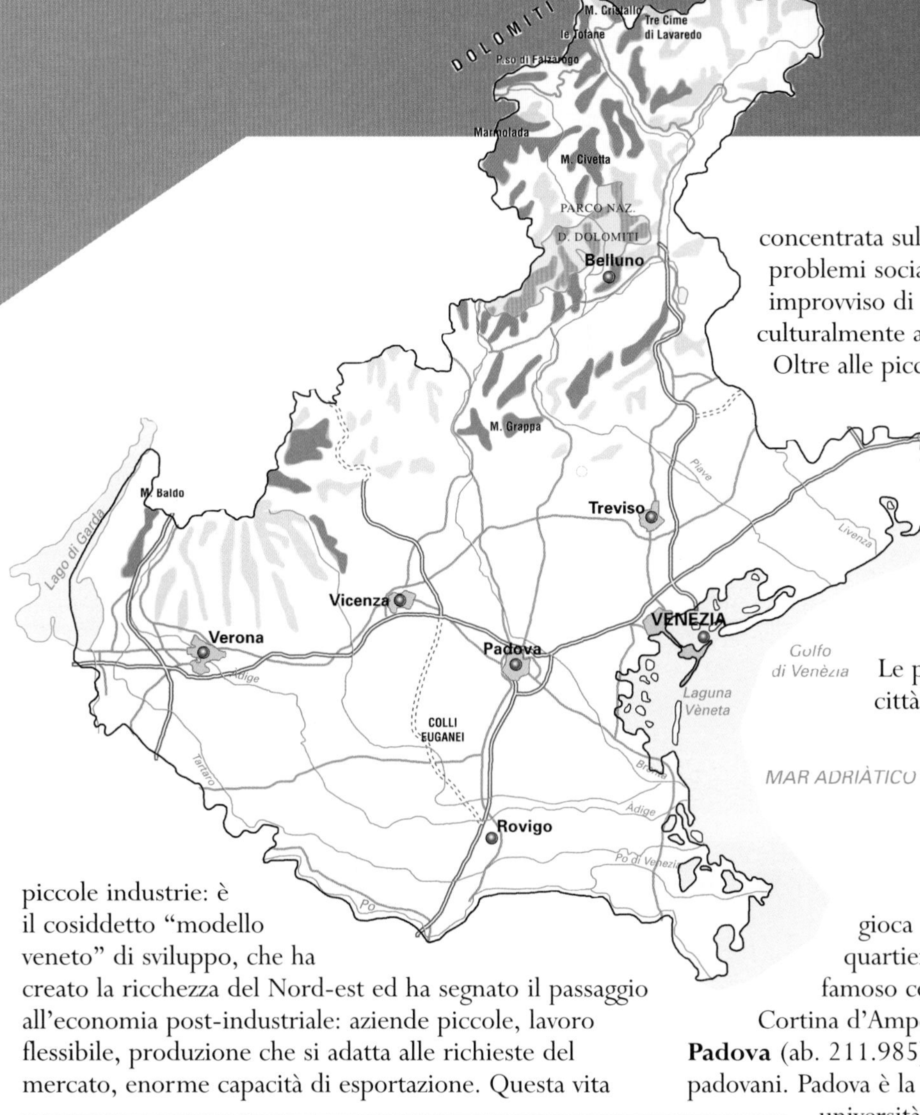

Città

Le province sono sette, ma le città di medie dimensioni sono moltissime.

Belluno (ab. 35.230): sigla: **BL**; popolazione della provincia: 211.548 bellunesi; nella provincia di Belluno c'è un altro centro importante, Feltre, dove si gioca un antichissimo "palio" tra i vari quartieri, come a Siena; c'è anche il più famoso centro turistico montano italiano, Cortina d'Ampezzo.

Padova (ab. 211.985); sigla: **PD**; popolazione: 842.091 padovani. Padova è la sede di una delle più antiche università del mondo, con nove secoli di storia.

Rovigo (ab. 50.925); sigla: **RO**; popolazione: 244.595 rodigini.

Treviso (ab. 81.328); sigla: **TV**; popolazione della provincia: 769.365 trevigiani.

Venezia (ab. 293.731); la città nelle isole ha circa 70.000 abitanti, il resto vive a Mestre, sulla terra ferma; sigla: **VE**; popolazione della provincia: 815.807 veneziani; a Mestre abitano i mestrini; a Chioggia, la seconda città della provincia, ci sono i chioggiotti.

Verona (ab. 254.748); sigla: **VR**; popolazione: 810.686 veronesi.

Vicenza (ab. 108.947); sigla **VI**; popolazione della provincia: 775.064 vicentini.

< ■ La costa bassa, il continuo gioco tra acqua e terra: il Veneto ha grandi spiagge, che nella zona di Jesolo hanno dato origine a uno dei maggiori centri di divertimento in Italia.

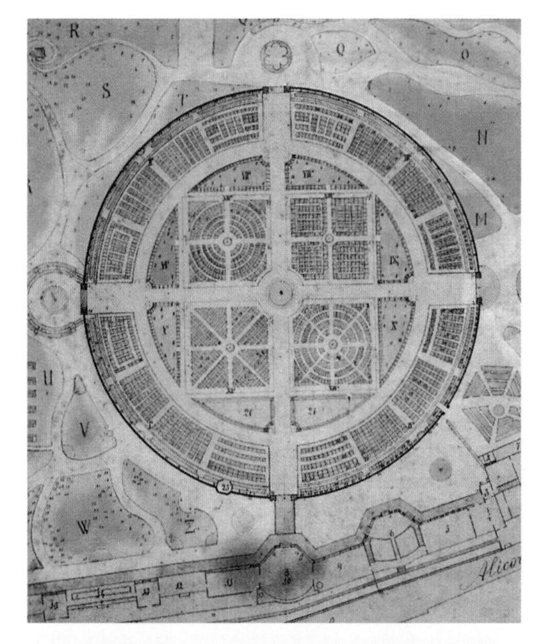

∧ ■ La pianta dell'Orto Botanico di Padova.
↗ ■ La "Specola", l'osservatorio astronomico di Galileo.
> ■ Il Teatro Anatomico della Facoltà di Medicina di Padova.

Prodotti: idee, cultura, svago

Le illustrazioni in queste pagine ti mostrano alcuni "prodotti" particolari del Veneto, che si aggiungono all'abbigliamento (da Benetton a Diesel, da Luxottica a Stefanel) e alle meno note aziende di tecnologia sofisticata. Sono prodotti particolari, che però creano molti posti di lavoro e una diffusa ricchezza.

Idee

In alto vedi tre foto dell'Università di Padova, la quarta università del mondo per antichità. Sopra hai la pianta originale del più antico Orto Botanico universitario del mondo: un "bosco" per lo studio delle piante fondato nel 1545 e ancor oggi vivissimo.
Trovi poi la "Specola", l'osservatorio astronomico costruito nel Settecento sulla base di quello usato da Galileo Galilei, il fondatore della scienza moderna, che insegnò a Padova tra il 1592 e il 1610.
Sotto c'è il più antico "teatro anatomico" del mondo: gli studenti di medicina prendevano posto in alto e guardavano il docente di anatomia che, usando cadaveri, descriveva agli studenti le parti del corpo e le loro funzioni.
Nel Veneto ci sono varie università e, soprattutto a Venezia, ci sono anche le sedi europee di università americane, oltre alla *Venice International University* dove trovi studenti americani, giapponesi, israeliani, tedeschi, spagnoli e italiani che seguono corsi in comune.

∧ ■ Il Teatro La Fenice, a Venezia.

∧ ■ Il palazzo della Mostra del Cinema di Venezia.

CULTURA

Sopra trovi due foto simbolo di Venezia, una delle capitali mondiali della cultura.
A sinistra trovi La Fenice, il teatro incendiato nel 1996, che ha ripreso a funzionare, ricostruito com'era e dov'era, nel 2004. La Fenice è un centro di alta ricerca e produzione musicale che dà lavoro a migliaia di addetti.
Molto importante anche la Biennale: di solito si pensa solo alla grande mostra di arte contemporanea che si tiene ogni due anni (da cui il nome "biennale"), ma in realtà c'è anche la biennale architettura, quella musicale, quella di teatro, quella di danza, e ogni anno c'è la mostra del cinema: è una vera industria culturale, che crea moltissimi posti di lavoro e attira turismo di qualità.

SVAGO

Il Veneto è la principale regione turistica italiana: dalle spiagge di Jesolo, Caorle, Chioggia, alle città d'arte; ma c'è un numero crescente di turisti che vengono per uno svago tranquillo e vanno a vedere le gare a remi della laguna, le partite a scacchi in costume rinascimentale nella piazza di Marostica, vicino a Vicenza, il carnevale di Venezia, il palio di Feltre, che ricorda quello di Siena, le visite guidate al Parco Nazionale del Polesine, sul delta del Po, o le manifestazioni di cucina tradizionale nelle Prealpi.
Anche in questo caso, se si considerano queste iniziative di "svago" nel complesso, ci si rende conto che siamo di fronte ad una vera e propria industria, che occupa migliaia di persone e produce benessere.

∨ ■ Giocatori di scacchi a Marostica

∨ ■ Vogatori durante la Regata Storica a Venezia

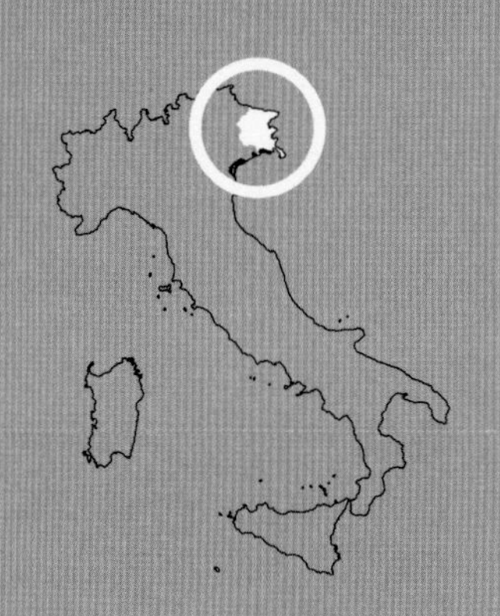

Friuli - Venezia Giulia

www.regione.fvg.it

Superficie	Kmq. 7.855; la parte maggiore della regione è il Friuli, che include tutta la superficie tranne la striscia costiera e le lagune, che costituiscono invece la Venezia Giulia.
Territorio	Montagna 43%, collina 19%, pianura 38%.
Acque	I due grandi fiumi del Friuli sono il Tagliamento, che attraversa tutta la regione da nord a sud, dove segna il confine con il Veneto, e l'Isonzo; solo la parte dell'Isonzo verso la foce è italiana, il resto si trova in Slovenia. La Venezia Giulia è caratterizzata da coste di tipo diversissimo: verso il Veneto, ci sono delle lagune, tra cui quella di Grado e Aquileia, la grande città romana: nell'antichità era possibile andare lungo le lagune, attraverso quella che oggi è Venezia e attraverso Chioggia, fino a Ravenna, a sud del Po. Dopo Monfalcone e verso Trieste, le coste sono alte: in quella zona le Alpi arrivano al mare e completano l'arco iniziato in Liguria, al confine con la Francia.
Monti	La parte nord della regione è costituita dalle Alpi Carniche e da quelle Giulie, che poi proseguono in Slovenia. Sono monti più bassi di quelli del resto delle Alpi e non raggiungono i 3000 metri d'altezza.
Popolazione	1.200.000 friulani.

Lingue

La regione ha un doppio nome perché è composta di due antiche realtà – che si distinguono ancora linguisticamente, anche quando parlano italiano: la parte della costa, la "Venezia Giulia", è sempre stata legata a Venezia e il veneto è ancora molto parlato; la parte maggiore della regione – praticamente tutto il territorio tranne la costa – parla "furlano", lingua riconosciuta e tutelata dalla Costituzione (art. 6): è una variante del ladino che è parlato anche in Trentino e nella Provincia di Bolzano.
Lungo il confine con la Slovenia ci sono alcuni comuni che parlano sloveno. In passato la popolazione della fascia di confine era molto più mista, e italiano e sloveno erano capiti da tutti; ma le guerre del Novecento, le violenze commesse dall'una e dall'altra parte hanno reso difficile la convivenza, anche se oggi, con il passare del tempo e con l'ingresso della Slovenia nell'Unione Europea, la situazione è molto migliorata.

Economia

La regione era tradizionalmente molto povera e da qui sono emigrate centinaia di migliaia di persone; per tutto il Novecento il Friuli è stato fortemente militarizzato, perché rappresentava il confine della NATO verso i paesi legati all'Unione Sovietica: la presenza di militari impediva l'uso di parte del territorio; dagli anni Novanta la regione è "esplosa" economicamente ed è ora una delle zone più ricche in Europa; è il cuore della macro-regione Alpe-Adria, che unisce Trentino, Veneto, Slovenia e Carinzia, in Austria. L'industria principale è quella degli elettrodomestici, ma non vanno dimenticati anche mercati particolari: ad esempio, il 70% delle sedie europee è costruita nelle piccole aziende delle colline al confine con la Slovenia.

Strade

La Venezia Giulia è attraversata dall'autostrada che unisce i Balcani all'Italia (il "Corridoio 5" europeo); su questa autostrada arriva quella che viene dall'Austria; le ferrovie seguono gli stessi percorsi.

Città

Come vedi dalla cartina, le province sono tre:
Gorizia (ab. 37.442); sigla: **GO**; popolazione della provincia: 137.799 goriziani; fino al 2004, un muro ha diviso Gorizia da Nova Gorica, la parte slovena; oggi il passaggio da una parte all'altra della città non pone alcun problema; a pochi chilometri, a sud, c'è un'altra grande città, che tuttavia non è provincia: Monfalcone, sede dei più importanti cantieri navali italiani.
Pordenone (ab. 48.548); sigla: **PN**; popolazione: 277.174 pordenonesi.
Trieste (ab. 219.715); sigla: **TS**; popolazione: 250.829 triestini; come vedi, praticamente non c'è differenza numerica tra la popolazione della città e quella della provincia: in effetti, dopo la seconda guerra mondiale parte della provincia di Trieste è stata assegnata alla Slovenia, il cui confine circonda tutta la città; oggi Trieste è la più piccola provincia italiana.
Udine (ab. 94.823); sigla: **UD**; popolazione della provincia: 518.852 udinesi.

La costa tra Monfalcone e Trieste

^ ■ Gli scavi archeologici hanno riportato alla luce una larga parte del porto fluviale di Aquileia

L'EREDITÀ DELLA STORIA

Uno dei principali errori sociali che si possono commettere a Grado, Monfalcone, Trieste è quello di rivolgersi alle persone dicendo "voi friulani". I friulani sono di origine celtica, mentre la costa è veneta di lingua e di mentalità: mentre i "furlani", originariamente, erano contadini e montanari, i veneti erano commercianti, marinai, pescatori: due mondi opposti.
La ragione di questa differenziazione è da trovare nella storia e nella geografia di queste zone.

Ai tempi dei romani il centro che dominava l'intera regione del *forum Julii*, da cui il nome "Friuli", era Aquileia, che ancora oggi possiamo vedere con le sue imponenti rovine sulla costa della laguna di Grado. Lì c'era anche la sede del Patriarca, il vescovo, che poi si trasferì a San Marco, a Venezia.
Verso il quinto secolo i "barbari", cioè popolazioni che venivano dall'Europa centrale e nordica, scendono verso sud, passano per l'attuale Slovenia e da lì, attraversando le colline a nord di Gorizia e di Cividale, entrano nella fertile e ricca pianura friulana; le popolazioni romanizzate fuggono quindi verso le isolette nelle lagune, da Grado a Venezia.

La pianura viene conquistata dai Goti, poi dagli Unni comandati da Attila, infine dai Longobardi che ne faranno la sede di un potente ducato, mentre i discendenti dei veneti e dei romani rimangono sulla costa.

Così nascono le due anime di questa regione, anime che ancora puoi nettamente distinguere nella lingua (il friulano è totalmente diverso dal veneto, oltre che dall'italiano), nella cucina, nella mentalità. E la mentalità del contadino friulano, come abbiamo detto, non è fatta per andare d'accordo con il mercante veneto.
Per secoli il Friuli e la Venezia Giulia sono stati parte integrante della Repubblica di Venezia, fino a quando questa è stata venduta da Napoleone all'Austria nel 1797; il Friuli e il Veneto torneranno a far parte dell'Italia nel 1866, mentre Trieste rimarrà austriaca fino al 1918.
Anche la struttura economica differenzia queste due parti della regione: il Friuli è agricolo ed ha molte industrie di tipo artigianale, mentre la Venezia Giulia è turistica (Grado, Sistiana e Duino sono le spiagge preferite dagli austriaci) e la sua industria maggiore – i cantieri navali di Monfalcone – è legata al mondo del mare.

^ ■ La città-fortezza di Palmanova, a sud di Udine. Costruita da Venezia nel Rinascimento.

Dalle caserme ai capannoni industriali

Il Friuli è sempre stato terra di frontiera: qui sopra vedi Palmanova, una città-fortezza costruita nel Rinascimento dalla Repubblica di Venezia per difendere il confine orientale contro invasioni provenienti dall'Austria, dalla Slovenia e dall'Istria.
Anche gli austriaci disseminarono il Friuli di piccole caserme, che servivano per controllare una popolazione orgogliosa che non amava restare con gli Asburgo mentre tutto il resto d'Italia si ribellava, prima nel 1848, poi nel 1859, e si riuniva nel Regno d'Italia.
Durante la guerra del 1915-18, che vide il Regno d'Italia contro l'Impero Austro-Ungarico, il Friuli fu un enorme campo di battaglia, e ancor oggi a Redipuglia, vicino a Gorizia, c'è un sacrario con 100.000 ragazzi italiani e alcune di migliaia di ragazzi austriaci morti a vent'anni solo perché, come dice una celebre canzone, "avevano la divisa di un altro colore". Redipuglia è probabilmente il più impressionane monumento contro la stupidità della guerra.

Dopo la seconda guerra mondiale, quando la Jugoslavia entra nella sfera dell'influenza sovietica, il Friuli viene a trovarsi in prima linea, sul confine tra il mondo comunista e la NATO – e la presenza militare, sia dell'esercito italiano sia di quello americano, torna fortissima: decine e decine di caserme segnano il paesaggio: per decenni l'agricoltura soffre i danni delle esercitazioni militari e diventa difficile costruire fabbriche in zone sottoposte a vincoli militari molto vasti.
Negli anni Ottanta finisce la Guerra Fredda e la presenza militare si riduce fino quasi a sparire: il Friuli rinasce con una miriade di piccole industrie e molti emigranti ritornano in patria, dopo qualche decennio in Francia e Germania, portando i capitali necessari.

Oggi l'agricoltura friulana – soprattutto per quanto riguarda il vino e i salumi, primo fra tutti il prosciutto di San Daniele – è una vera industria, ricca e fiorente; le piccole industrie familiari si sono riunite in "distretti" che curano, insieme, l'esportazione, per cui questa regione è uno dei punti più produttivi e dinamici dell'economia europea e viene spesso studiata, insieme al Veneto e a parte dell'Emilia, come "modello Nord-Est".
L'ingresso della Slovenia nell'Unione Europea, nel 2004, ha tolto un ulteriore disturbo, il confine orientale, per cui la regione è sempre più integrata con i vicini sloveni e austriaci.

Emilia Romagna

www.regione.emilia-romagna.it

Superficie	Kmq. 22.124.
Territorio	Montagna 25%, collina 27% pianura 48%. La regione è costituita dall'Emilia, che va da Piacenza a Bologna, e la Romagna, costituita dagli antichi possedimenti dello Stato della Chiesa, che vanno da Imola a Ravenna e Rimini e che, dal punto di vista storico e culturale, includono anche la parte nord delle Marche, anche se non fanno parte ufficiale della regione.
Acque	Tutti i fiumi della regione scendono dall'Appennino Tosco-Emiliano e vanno verso il Po, tranne quelli vicini all'Adriatico che sfociano direttamente in mare; sono fiumi molto irregolari, quasi asciutti d'estate e violenti e pericolosi in autunno e primavera. Le città sono sorte vicino ai fiumi: il Trebbia sfocia nel Po a Piacenza, il Taro scorre vicino a Parma, Modena sorge tra Secchia e Panaro, Bologna nasce sul Reno, Ferrara è sul Po.
Monti	L'Appennino Tosco-Emiliano, boscoso, con molti "calanchi" (grandi frane, su cui non cresce vegetazione) ha il suo monte più alto nel Cimone (2165 metri); da altri due monti romagnoli, il Falterona e il Fumaiolo, nascono l'Arno, il fiume di Firenze, e il Tevere, il fiume che arriva a Roma.
Popolazione	3.950.000 emiliani e romagnoli.

Lingue: la linea gotica

Il confine sud dell'Emilia e della Romagna segna la "linea gotica", che va da La Spezia in Liguria a Senigallia nelle Marche. Il nome Senigallia richiama i "galli", cioè le popolazioni celtiche che occuparono la Pianura Padana mentre più a sud cresceva la potenza di Roma. Le lingue a nord di quella linea sono le lingue neo-latine occidentali: dal friulano alle lingue regionali del nord, dal francese allo spagnolo e al portoghese; quelle a sud sono lingue neo-latine orientali: il toscano, da cui deriva l'italiano, le altre lingue regionali centrali e meridionali italiane, il sardo, il romeno.

Strade

La regione prende il nome dalla via Emilia, una via romana importantissima che procede rettilinea da Rimini a Piacenza, dove si divide e prende tre diverse direzioni, verso Genova, verso Torino e verso Milano: era la principale strada romana del nord, e parallela ad essa corrono l'autostrada e la ferrovia. Bologna è il più importante nodo stradale e ferroviario italiano: da lì passa infatti il traffico nord-sud.
Data la grande quantità di cittadine e paesi, l'Emilia e la Romagna hanno una ricca rete di strade.

> ■ La via Emilia, diritta come tutte le vie romane di pianura. Il colore è tipico dell'Emilia, dove le costruzioni non erano di marmo ma di mattoni.

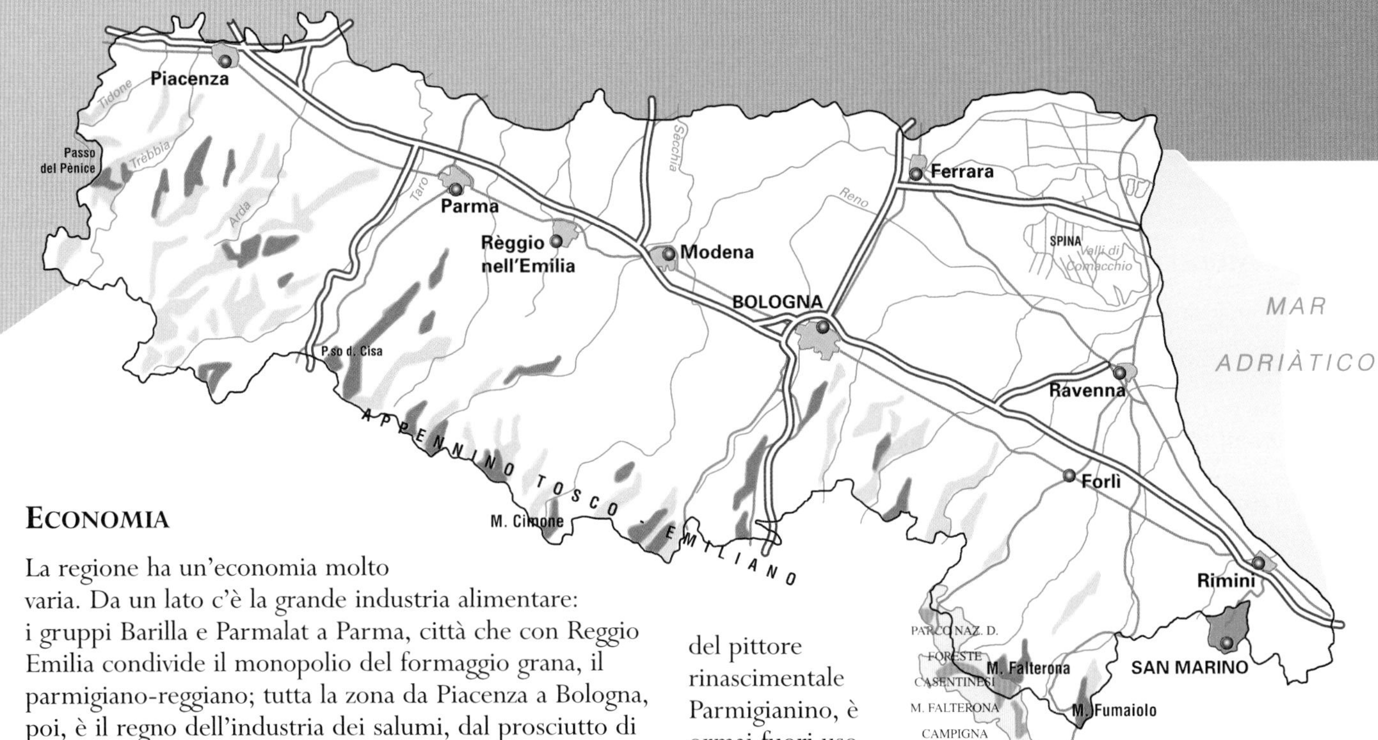

Economia

La regione ha un'economia molto varia. Da un lato c'è la grande industria alimentare: i gruppi Barilla e Parmalat a Parma, città che con Reggio Emilia condivide il monopolio del formaggio grana, il parmigiano-reggiano; tutta la zona da Piacenza a Bologna, poi, è il regno dell'industria dei salumi, dal prosciutto di Parma alla mortadella bolognese; infine, le zone di Ferrara e Ravenna sono tra le maggiori produttrici di frutta in Italia.
Un secondo settore è quello della tradizione meccanica: ci sono centinaia di aziende di tecnologia per macchine da lavoro – trattori, nastri trasportatori, motori marini - ma anche la Ferrari, la Lamborghini e la Maserati!
Infine, la grande industria turistica, sugli Appennini, per lo sci, e nella riviera romagnola, dal Po fino a Rimini e Riccione per chi ama il mare.
Il modello industriale è quello della piccola e media industria e in questo senso l'Emilia Romagna appartiene al Nord-Est, insieme alle Marche, al Veneto e al Friuli. Tipico esempio di questo modello industriale è il "distretto della ceramica", nel modenese, con centinaia di piccole aziende che producono piastrelle di ogni tipo.

Città

Le città principali sono tutte sulla via Emilia, con l'eccezione di Ravenna e Ferrara.
Bologna (ab. 383.761); sigla: **BO**; popolazione della provincia: 910.593 bolognesi. L'Università di Bologna è la più antica del mondo.
Ferrara (ab. 133.270); sigla: **FE**; popolazione: 351.856 ferraresi. Nel Medioevo e nel Rinascimento Ferrara fu una delle corti più importanti d'Europa, sede degli Estensi.
Forlì (ab. 107.461); sigla: **FO**; popolazione: 351.604 forlivesi (il nome richiama quello latino della città: *Forum Livii*).
Modena (ab. 175.013); sigla: **MO**; popolazione: 616.668 modenesi, da secoli rivali (ricambiati!) dei bolognesi...
Parma (ab. 167.165); sigla: **PR**; popolazione: 393.971 parmensi; la forma "parmigiano", da cui viene il nome del pittore rinascimentale Parmigianino, è ormai fuori uso e si usa solo per il formaggio grana.
Piacenza (ab. 99.078); sigla: **PC**; popolazione della provincia: 265.899 piacentini.
Ravenna (ab. 137.721); sigla: **RA**; popolazione: 350.019 ravennati. Questa città fu per alcuni secoli capitale dell'Impero Romano d'Occidente e dei regni gotici italiani, tra il 4° e il 9° secolo.
Reggio Emilia (ab. 139.200); sigla: **RE**; popolazione: 438.613 reggiani, da non confondere con i "reggini" di Reggio Calabria.
Rimini (ab. 130.074); sigla: **RN**; popolazione della provincia: 267.879 riminesi.
Sulle colline di Rimini c'è una delle più piccole repubbliche del mondo, quella di **San Marino** (vedi scheda Marche)

∧ ■ La riviera romagnola, una delle capitali europee del divertimento.

UN LUOGO DELLA MENTE

La Romagna sembra essere un luogo mentale più che un'area geografica: sentire i romagnoli che parlano della loro terra mostra subito – nel tono della voce, nella scelta delle parole – che per loro la Romagna è il centro del mondo. E basta vedere il capolavoro di Fellini *Amarcord* ("mi ricordo" in dialetto) per capire che un romagnolo può andare ovunque, ma non dimentica mai la sua Romagna.
Qui trovi brevi selezioni da due testi dedicati alla Romagna – due testi di qualità e natura differenti.

Il primo è di Giovanni Pascoli, uno dei massimi poeti italiani, nato a San Mauro, vicino a Rimini, nel 1855 e vissuto sempre lontano dalla Romagna, che però costituisce l'ambiente di molte delle sue poesie più famose.
Il secondo testo è una canzone popolare, un valzer tipico della musica romagnola (il "liscio") che si è imposta in gran parte delle feste paesane italiane: esprime, con parole più semplice, la stessa nostalgia per la Romagna descritta da Pascoli.

ROMAGNA - Giovanni Pascoli

Sempre un villaggio, sempre una campagna,
mi ride al cuore (o piange), Severino [1]*:*
il paese ove, andando, ci accompagna
l'azzurra visïon di San Marino [2]*. (...)*

Romagna solatìa [3]*, dolce paese*
cui regnarono Guidi e Malatesta [4]*;*
cui tenne pure il Passator [5] *cortese,*
re della strada e re della foresta.

1. Pascoli si rivolge ad un suo vecchio compagno di scuola.
2. La montagna su cui si trova la repubblica di San Marino è vicino a Rimini e domina il paesaggio romagnolo.
3. Soleggiata, piena di sole.
4. Famiglie che dominarono la Romagna tra Medioevo e Rinascimento.
5. Nell'Ottocento un "brigante", che aveva lavorato in un traghetto (una barca con cui si attraversa un fiume), quindi aveva fatto "passare" le persone da una riva all'altro, impose una specie di dominio sull'area.

ROMAGNA MIA - Raul Casadei

Sento la nostalgia d'un passato,
ove la mamma mia ho lasciato.
Non ti potrò scordar casetta mia,
in questa notte stellata
la mia serenata io canto per te.

Romagna mia, Romagna in fiore,
tu sei la stella, tu sei l'amore.
Quando ti penso, vorrei tornare
dalla mia bella al casolare[1]*.*

Romagna, Romagna mia,
lontan da te non si può star!

1. Fattoria in campagna.

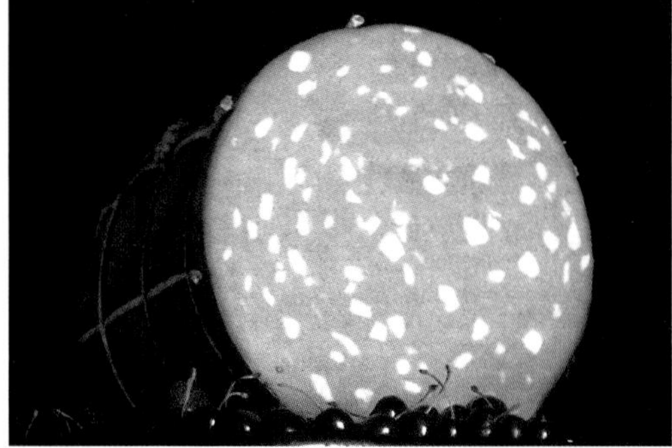

L'INDUSTRIA E IL PIACERE

L'Emilia è indubbiamente una regione industrializzata. Ma è anche una regione di gente che sa godere la vita, che ama la tavola, il ballo, la velocità. L'Emilia ha saputo trasformare questo suo gusto del piacere in industria di alto livello, che produce posti di lavoro e ricchezza diffusa:

- il piacere della velocità ha generato Ferrari, Lamborghini e Maserati, nonché la Ducati, grande azienda di motociclette: è un'industria che mette insieme competenza tecnologica e artigiana;
- il piacere del ballo, della notte trascorsa nel divertimento ha fatto di Rimini e Riccione le capitali del divertimento per milioni di giovani scatenati; ma romagnola è anche la tradizione del "ballo liscio", cioè le orchestrine che vanno alle feste di paese e suonano valzer, tango, ed altri balli tradizionali;
- il piacere della tavola: nella foto vedi i tortellini, la mortadella, l'aceto balsamico e il formaggio grana. Sono alcuni dei prodotti tipici di questa regione, che vengono ora lavorati con una logica industriale senza tradire la ricerca di una buona qualità;
- il piacere della conoscenza: Bologna è la più antica università del mondo, ma in tutte le grandi città emiliane ci sono università che attraggono studenti da altre regioni e costituiscono una vera e propria industria del sapere.

L'industrializzazione ha portato ricchezza diffusa e, a differenza di altre regioni, non ha ridotto la qualità della vita; anche l'immigrazione intensa qui ha creato meno tensioni che altrove.

Marche

www.regione.marche.it

Superficie	Kmq. 9.694.
Territorio	Montagna 31%, collina 69%, pianura 0%.
Acque	Da Ancona verso sud la costa adriatica diviene alta e rocciosa; vista la breve distanza tra le montagne e il mare, i fiumi non sono significativi: i due più importanti sono l'Esino, che sfocia a nord di Ancona, e il Tronto, che segna il confine con l'Abruzzo, a Sud.
Monti	Sul confine tra le Marche e l'Umbria troviamo gli Appennini, che in questa zona non sono particolarmente alti e restano al di sotto del 1000 metri, anche se il paesaggio assomiglia talvolta alle Alpi. Il resto del territorio marchigiano è costituito da una serie di piccole catene montuose che vanno dagli Appennini al mare, in senso ovest-est, separate da valli in cui scorrono torrenti.
Popolazione	1.450.000 marchigiani.

Strade

L'autostrada e la ferrovia seguono la costa, spesso tagliando in due paesi e cittadine; su questo importante asse nord-sud si immettono le strade che scendono lungo le valli e portano dal mare alle città, che sono spesso lontane 15-20 chilometri dalla costa (era una forma di difesa contro i pirati e contro la malaria delle paludi costiere).

Economia

Sul piano economico la zona a nord di Ancona, fa parte del Nord-Est, insieme all'Emilia, al Veneto e al Friuli Venezia Giulia: ci sono molte piccole e medie industrie, spesso con livelli tecnologici molto alti, che esportano gran parte della loro produzione.
Oltre alle industrie, che hanno portato benessere solo recentemente, vanno ricordate l'agricoltura (viti e ulivi, ma anche grano e verdure) e il turismo. Non c'è solo il turismo estivo delle grandi spiagge a sud di Rimini, ma anche quello delle "seconde case", cioè vecchie fattorie di campagna che sono state restaurate da persone che abitano nelle grandi città e da stranieri, soprattutto tedeschi. Si tratta di una forma di turismo molto positiva per l'economia, perché non si concentra solo nei mesi estivi e perché richiede anche lavori artigianali di restauro, conservazione, manutenzione, ecc.

Città

Le Marche hanno molte cittadine di media grandezza e i capoluoghi di provincia e la stessa Ancona, capoluogo regionale, non sono molto grandi; in realtà, la più grande città marchigiana è a... Roma!, dove ci sono più di 350.000 emigrati da questa regione; le province sono:

Ancona (ab. 99.074); sigla: **AN**; popolazione: 441.815 anconetani.

Ascoli Piceno (ab. 52.317); sigla: **AP**; popolazione: 368.027 abitanti: quelli di Ascoli sono detti ascolani,

< ■ Il tipico paesaggio collinare dell'interno delle Marche. Questa è l'abbazia di Fonte Avellana.
v ■ Il castello sul Monte Titano, che costituisce la Repubblica di S. Marino.

mentre quelli della provincia possono anche essere chiamati piceni, dall'antico nome della zona.
Macerata (ab. 42.170); sigla: **MC**; popolazione della provincia: 300.207 maceratesi; in questa città d'estate c'è un'importante rassegna musicale all'aperto, dedicata soprattutto all'opera lirica. Lungo la strada che va verso l'Umbria si trova Camerino, una piccola città con un'attiva università.
Pesaro (ab. 88.210); sigla: **PS**; popolazione della provincia: 340.830 pesaresi; la provincia è detta anche "Pesaro-Urbino", in quanto a pochi chilometri da Pesaro, sulle colline, c'è Urbino, una città rinascimentale che è sede di una nota università.

La Repubblica di San Marino

Tra la Romagna e le Marche, a 10 chilometri dal mare, sulle colline, si trova il più antico stato europeo, la Repubblica di San Marino, autonoma dal quarto secolo dopo Cristo.
E' costituita da un gruppo di colline, la più alta delle quali è il Monte Titano (700 metri), e si estende per circa 60 km^2.
Circa 25.000 persone hanno la cittadinanza sammarinese, ma solo 5000 vivono nella cittadina, circondata da mura e dominata da tre castelli. L'economia è basata sul turismo.

FABRIANO

^ ■ I marchi di tre importanti industrie marchigiane.
> ■ Il porto di Ancona, tra gli scali maggiori per quantità di merci sbarcate e imbarcate.

UNA REGIONE DI PASSAGGIO

Le Marche traggono il loro nome dal tedesco *mark*, che nell'organizzazione dell'impero di Carlo Magno (dal nono secolo d.C. in poi) indicava le regioni di confine, la cui difesa era particolarmente importante. Le Marche erano una zona strategica perché c'erano il porto di Ancona, posto a metà del Mare Adriatico, e due grandi vie romane, la Salaria e la Flaminia, che collegavano l'Adriatico con Roma.
Ma anche nei secoli precedenti questa zona era stata un punto di contatto: la parte nord era abitata dai Galli, popolazioni celtiche, e la parte a sud di Ancona era abitata da un altro popolo non latino, i Piceni. Questa varietà di popolazioni era dovuta anche alla natura del territorio: sono tante valli parallele che permettono una buona comunicazione tra mare e Appennino, ma che rendono difficile il passaggio dall'una all'altra, quindi in direzione nord-sud.
Il problema delle comunicazioni è sempre stato forte nelle Marche, e anche oggi, attraversando questa regione sull'Autostrada Adriatica, puoi vedere che è una serie continua di gallerie sotto le montagne e di lunghi ponti che attraversano la valle e portano alla galleria successiva. Le autostrade hanno cambiato il volto di questa regione, collegandola sia alla Pianura Padana sia a Roma, attraverso l'Abruzzo. Queste recenti vie di comunicazione hanno permesso alle Marche di passare ad un'economia post-industriale saltando direttamente la fase industriale, con i suoi disastri ambientali e sociali: piccola industria, molta flessibilità, forte esportazione di prodotti ad alto reddito – dalla carta di Fabriano agli strumenti musicali, dall'editoria specializzata alle scarpe Tod's, e così via.
L'autostrada, che ha reso veloce il collegamento con Ancona, ha ridato vita a questo porto: ora è il principale terminal dei traghetti veloci che vanno nei Balcani, soprattutto in Croazia (che è proprio dall'altra parte dell'Adriatico) e a Igumenitsa, in Grecia. Ancona sta diventando anche un importante porto per lo scambio di container da treni e camion alle navi mercantili.
La facilità crescente di movimento porta ogni anno un numero maggiore anche di turisti, visto che il paesaggio di questa regione è dolce e bello come quello toscano ed umbro, anche se meno famoso.

Giacomo Leopardi, la voce delle Marche

Nato nel 1798 a Recanati, a sud di Ancona, Leopardi è il più grande poeta romantico italiano. Molte delle sue poesie iniziano con la descrizione del dolcissimo paesaggio marchigiano. La più famosa di tutte è *Infinito,* in cui Leopardi descrive una collina solitaria *(ermo colle)* che gli impedisce di vedere l'orizzonte lontano e quindi lo spinge a costruire, con la fantasia, *interiminati spazi e sovrumani silenzi* in cui perdersi, creando una sensazione di infinito.
Eccoti i primi versi:

Sempre caro mi fu quest'ermo colle
E questa siepe, che da tanta parte
Dell'ultimo orizzonte il guardo esclude.

Gioacchino Rossini, il canto delle Marche

Nato a Pesaro nel 1792, Rossini fu il dominatore dell'opera lirica europea all'inizio dell'Ottocento, prima di ritirarsi in silenzio per 40 anni a Parigi.
La sua musica ha il brio e l'allegria del carattere romagnolo (Pesaro è nella parte nord delle Marche) ed ha l'umorismo degli abitanti dell'Italia centrale. Ma da questa zona veniva a Rossini anche il grande gusto per il cibo: ancor oggi in tutto il mondo si mangia il "filetto alla Rossini" – e le sue litigate con i cuochi dei ristoranti di Parigi sono raccontate in mille aneddoti.
Ogni anno si tiene a Pesaro un festival rossiniano.

Piccolo è bello

Marche, Umbria e Toscana hanno un'urbanizzazione che può ben essere riassunta con lo slogan tipico degli anni Ottanta, *small is beautiful*.
Non ci sono grandi città, solo molte cittadine, spesso cresciute intorno a borghi medievali senza creare grandi periferie, anche perché la povertà ha fatto sì che moltissimi abitanti emigrassero.
Questa caratteristica, che si è riproposta anche nel modello industriale basato sulle piccole e medie industrie, ha preservato il paesaggio e la qualità della vita, per cui le Marche sono la meta di turisti esigenti e raffinati, che non vogliono le grandi masse (e poi Rimini è vicina, per chi vuole il divertimento di massa). Spesso i turisti alloggiano in agriturismi, cioè vecchie case contadine restaurate che offrono anche alcune camere oltre ai pasti, preparati secondo la tradizione: è un modello turistico modernissimo, che crea un buon reddito per i contadini che per secoli hanno vissuto in povertà.
E così, dopo un secolo di emigrazione di marchigiani poveri, ora li ritroviamo di ritorno, benestanti, ma non dimentichi della loro regione d'origine.

< ■ Il borgo di Recanati visto dal colle dell'Infinito, l'altura che prende il nome da una delle più famose poesie di Giacomo Leopardi.

Toscana

www.regione.toscana.it

Superficie	Kmq. 22.997.
Territorio	Montagna 25%, collina 66%, pianura 9%.
Acque	La Toscana si identifica con l'Arno, il grande fiume che la attraversa da sud a nord e, giunto a Firenze, curva verso il mare, a ovest. Ci sono altri due fiumi più brevi, che vanno dalle colline verso il mare: il Cecina e l'Ombrone, che hanno un regime torrentizio e sono spesso asciutti d'estate. Non ci sono laghi, a parte qualche piccolo bacino artificiale. Le coste sono quasi ovunque sabbiose, con l'esclusione dell'isola d'Elba e della penisola di Orbetello.
Monti	A nord, troviamo l'Appennino Tosco-Emiliano, con varie cime sopra i 2000 metri, la più alta delle quali è il monte Cimone. Per il resto non ci sono montagne significative, quanto piuttosto colline, spesso dure e aspre come montagne, ma addolcite da 2500 anni di coltivazione e lavoro umano.
Popolazione	3.500.000 toscani.

Strade

Il sistema ferroviario e autostradale è complesso: un asse nord-sud corre lungo il mare e collega Genova con Roma (è l'antica via Aurelia dei romani); più all'interno c'è il secondo asse, che arriva dalla Pianura Padana e, passando per Firenze, scende verso il Sud; infine c'è il collegamento orizzontale tra Firenze e il mare nell'area di Lucca, Pisa, Livorno, Massa, cioè il gruppo di città intorno alla foce dell'Arno; un'altra direttrice importante va da Firenze verso il mare nella zona a sud, attraverso Siena e Grosseto.

Economia

La Toscana è una regione dalla grande tradizione agricola – basti pensare ai suoi vini – ma si sta lentamente industrializzando, anche se in alcune valli ciò ha causato forti problemi ambientali e paesaggistici.
La principale attività economica toscana oggi è il turismo, che genera ricchezza sia in coloro che lavorano in alberghi e ristoranti, sia presso gli artigiani di qualità che vendono prodotti inimitabili; c'è poi un tipo particolare di "turista": gli studenti stranieri di italiano a Siena e Firenze.
Oltre al turismo in città d'arte come Firenze, Siena, Pisa, Lucca, o nelle spiagge della Versilia e dell'isola d'Elba, è importante anche il

∧ ■ La Toscana centrale, verso la Maremma, è dolcissima. L'albero tipico della regione, che trovi anche in questa foto, è il cipresso.

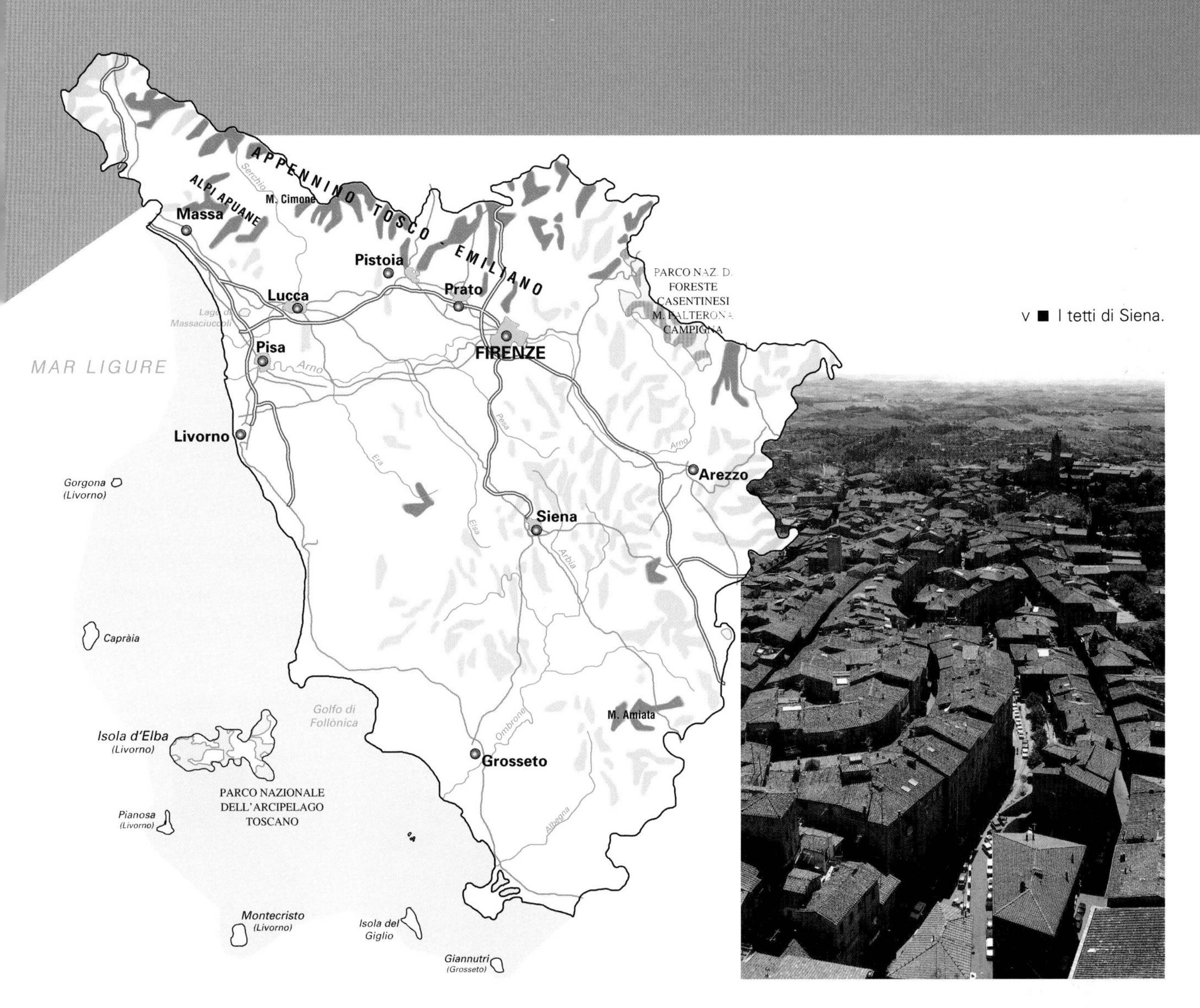

v ■ I tetti di Siena.

turismo delle "seconde case": ci sono degli stranieri o degli italiani delle grandi città toscane che hanno restaurato le vecchie case dei contadini e che vi trascorrono lunghi periodi, creando reddito per gli artigiani specializzati in restauro. Particolarmente forte è l'impatto della comunità inglese, tanto che la zona intorno a Siena, il Chianti, viene spesso detta Chianti-shire…

Città

Come vedi dalla cartina, le città sono sparse sul territorio, non si trovano solo lungo il fiume principale della regione.
Arezzo (ab. 90.907); sigla: **AR**; popolazione della provincia: 318.881 aretini, famosi per il loro umorismo feroce. In questa provincia non si può dimenticare di citare una bellissima città di origine etrusca, Cortona.
Firenze (ab. 379.687); sigla: **FI**; popolazione della provincia: 952.293 fiorentini. Insieme a Venezia e Roma è la città più visitata in Italia.
Grosseto (ab. 72.453); sigla: **GR**; popolazione della provincia: 216.207 grossetani. La zona intorno a Grosseto e a sud di Siena, la Maremma, è stata per secoli una terra di miseria; oggi il suo paesaggio intatto attira turisti interessati alla natura, quindi attenti a non rovinare l'ambiente.
Livorno (ab. 163.073); sigla: **LI**; popolazione della provincia: 335.555 livornesi.
Lucca (ab. 85.657); sigla: **LU**; popolazione della provincia: 375.496 lucchesi.
Massa (ab. 67.999); sigla: **MS**; popolazione della provincia: 200.267 tra massesi e carraresi, abitanti di Carrara, l'altra cittadina che dà il nome completo della provincia: Massa-Carrara.
Pisa (ab. 93.133); sigla: **PI**; popolazione della provincia: 384.957 pisani.
Pistoia (ab. 86.118); sigla: **PT**; popolazione della provincia: 267.367 pistoiesi.
Prato (ab. 169.927); sigla: **PO**; popolazione: 224.388 pratesi. E' una provincia di recente istituzione: in realtà molti la considerano un sobborgo di Firenze.
Siena (ab. 54.668); sigla auto: **SI**; popolazione provinciale: 251.892 senesi.

GLI ETRUSCHI CREARONO ROMA...

La statuetta che vedi qui a fianco è etrusca, è stata realizzata cioè dagli etruschi - una popolazione che abitava tra l'Arno e il Tevere, ma che aveva anche zone di espansione vicino alle colonie greche della Campania, e nella Pianura Padana, da Bologna all'Adriatico.
Non capiamo ancora bene la loro lingua, per cui i testi che ci sono rimasti non ci dicono molto e dobbiamo limitarci ad ammirare le mura poderose delle molte città etrusche, nonché le centinaia di tombe, con affreschi ricchissimi e sarcofaghi riccamente scolpiti e dipinti, dove sono state trovate statuine come questa.
Sebbene Roma sia stata fondata dai latini, furono gli etruschi a ingrandirla, collocandola al centro del loro circuito commerciale e culturale, dominandola per quasi un secolo prima che, dalle due popolazioni unite, nascesse la Repubblica nel 509 avanti Cristo.

v ■ Dante Alighieri

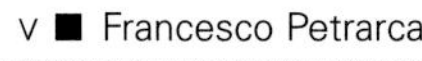
v ■ Francesco Petrarca

v ■ Giovanni Boccaccio

...E I TOSCANI CREARONO L'ITALIANO

Con la crisi dell'Impero Romano, dal quarto secolo, il latino parlato nelle varie parti d'Italia e d'Europa non ha più un centro di riferimento, Roma, e comincia a modificarsi localmente. Il latino parlato in Toscana ebbe un'evoluzione diversa da quello della Pianura Padana, dove c'erano i Celti, o da quello del sud, dove c'erano i Sanniti e i Greci.
Per secoli ogni regione sviluppò la sua lingua (da cui derivano i "dialetti" italiani), ma la posizione geopolitica della Toscana, nel cuore d'Italia, e la ricchezza dei suoi Comuni e dei suoi banchieri trasformò il dialetto toscano nella lingua degli italiani.
Per secoli solo gli intellettuali e gli ecclesiastici usarono la lingua di Dante, di Petrarca, di Boccaccio, di Lorenzo il Magnifico; nel 1861, quando si formò il Regno d'Italia, solo il 2,5% della popolazione fuori dalla Toscana e da Roma capiva l'italiano; ma nel Novecento, soprattutto per opera della televisione, il toscano/italiano è diventato patrimonio comune di tutti gli italiani. Anche se ci sono ancora persone anziane che fanno fatica a parlare in italiano, oggi tutti lo capiscono.

∧ ■ Lorenzo il Magnifico

La patria dell'artigianato di alto livello

La produzione industriale non è nella tradizione della Toscana, anche se fino dall'Ottocento ci sono state fabbriche, soprattutto vicino alla costa, e nel Novecento la Piaggio ha fatto della Toscana la capitale mondiale dello scooter: qui infatti è stata inventata e prodotta la mitica "Vespa".

In realtà l'industria non ha mai interessato i toscani, che sono invece dei grandissimi artigiani – e proprio nell'artigianato sta la forza dell'economia di questa regione.

In Toscana si producono mobili raffinati e moltissimi oggetti per l'arredamento; in particolare, c'è una grandissima tradizione di restauro di mobili e oggetti antichi, a cominciare dal "Opificio delle pietre dure", forse il più importante centro mondiale di restauro di opere d'arte.

Fortissima è anche la tradizione della produzione di stoffe raffinate, che fin dal tempo dei Medici, i signori del Rinascimento toscano, venivano esportate in tutt'Europa; anche l'artigianato del cuoio, dalle borse alle scarpe agli oggetti per la scrivania, è di alto livello.

Per questa ragione girare per le strade di una città toscana (e non solo di Firenze!) significa passeggiare in un'enorme esposizione di antiquariato e di artigianato di grande qualità, che dà agli occhi altrettanto piacere di quello delle grandi architetture delle città toscane.

∧ ■ Una bancarella artigiana a Firenze.

Questa è una delle poesie che tutti i ragazzini italiani imparano a memoria nei primi anni di scuola: è scritta da Giosuè Carducci (1835-1907), un poeta nato a Bolgheri, sulla costa tirrenica vicino a Livorno. Carducci passa in treno andando a Roma, dove è senatore del Regno, e vede il filare di cipressi – l'albero tipico della toscana dove lui giocava da bambino.

I cipressi che a Bolgheri alti e stretti
Van da San Guido in duplice filar,
Quasi in corsa giganti giovinetti
Mi balzarono incontro e mi guardar.

Il doppio filare è ancora oggi visitato da chi passa da quelle parti, lungo la via Aurelia.

> ■ Due scene del Palio di Siena.

La vitalità della tradizione

Il Palio di Siena è noto in tutto il mondo: i cavalieri che rappresentano le contrade (cioè i quartieri) della città si sfidano due volte l'anno in una corsa durissima, senza sella, in cui quasi tutto è permesso per vincere.
Chi va a vedere il Palio rimane davvero sconvolto dal fatto che questa corsa medievale è ancora sentita in maniera totale, profonda, dagli abitanti: non è un'attrattiva turistica, è una sfida secolare che coinvolge tutti, dai ragazzi che in costume rinascimentale sventolano le bandiere della loro contrada, alle donne che preparano cibo per le grandi cene lungo la strada che diventa un'unica tavolata.
Il passato è vivissimo, in Toscana. Se parli con un senese e nomini "Montaperti" vedrai come gli animi si accendono, sentirai maledizioni contro i fiorentini, sentirai l'orgoglio della città: ma anche se ne parlano come se fosse successo ieri, la battaglia di Montaperti si è combattuta nel 1260 ed è l'ultima vittoria dei senesi sui fiorentini, che due secoli dopo conquisteranno Siena.
La Toscana è così: qui il passato ed il presente convivono come in nessun'altra parte d'Italia. C'è un enorme orgoglio delle proprie tradizioni, che vengono tenute vive, funzionanti. Tornando, ad esempio, alle contrade di Siena: non sono solo organizzazioni sportive, ma anche sociali: si aiutano i vicini della contrada se hanno bisogno economico; c'è un forte controllo sociale sui bambini e i ragazzi, visti come figli della contrada oltre che dei loro genitori; giovani e vecchi insieme preparano e servono cene, anche ai turisti, per raccogliere fondi per pagare il fantino per la corsa, e così via.

^ ■ Ribollita ^ ■ Panforte ^ ■ Pici

LA CULTURA DEL CIBO

La Toscana è ritenuta una delle capitali mondiali della cultura (e Dante, Petrarca, Boccaccio, Lorenzo giustificano questa tradizione), dell'arte (Donatello, Michelangelo, Leonardo: difficile offrire di più!), dell'artigianato di qualità.
Ma è anche una delle capitali della cucina – e nell'esportazione di prodotti agricoli ed alimentari la regione trova forza economica.
Da un lato la carne: la bistecca con l'osso si chiama "fiorentina", e questo basta a spiegare il primato di questa regione, che alleva anche le mucche migliori d'Italia, la "razza chianina". La foto qui sotto ti mostra un'altra grande tradizione legata alla carne, i salumi, che valgono quanto quelli – più famosi – dell'altro versante dell'Appennino, i salumi di Parma, Modena e Bologna.
Veniamo ai vini: uno dei più famosi vini al mondo ha il nome di una zona tra Firenze, Arezzo e Siena: il Chianti; e molti ritengono che il miglior vino del mondo sia il Brunello di Montalcino, una cittadina a sud di Siena.
Ci sono poi altre specialità: basta pensare che il *panforte* di Siena, una specie di torta carica di frutta secca, fichi, miele, ecc., viene esportato in tutto il mondo.
Bistecche di carne chianina, chianti, panforte, salumi maremmani, Brunello: puoi comprarli in tutto il mondo – ma per assaggiare certi piatti antichissimi, spesso molto poveri ma saporiti, bisogna andare in Toscana: la ribollita, cioè una zuppa fatta con molte verdure e pane; i pici, delle specie di grossi spaghetti che nelle buone trattorie sono ancor oggi fatti a mano, uno per uno; la zuppa di farro, il cereale da cui si è originato il frumento di oggi – sono piatti che puoi gustare solo lì, nelle piccole trattorie tra le colline o nelle zone meno turistiche delle città.
Il cibo è un piacere, ma nella nostra prospettiva è anche un importante settore dell'economia di una regione che ha saputo diventare moderna senza tradire il suo passato, che ha saputo creare un'economia ricca e forte facendo forza sul suo passato. E' una sintesi che non tutte le regioni italiane hanno saputo fare.

^ ■ Salumeria

Umbria

www.regione.umbria.it

Superficie	Kmq. 8.456.
Territorio	Montagna 29%, collina 71%, pianura 0%.
Acque	L'Umbria è l'unica regione della penisola che non tocca il mare, ma in compenso ospita il lago più grande, il Trasimeno; è un lago di origine vulcanica, non molto profondo, che con il passare degli anni tende a perdere parte della sua superficie interrandosi progressivamente. Il Tevere attraversa tutta le regione arrivando dall'Appennino Tosco-Emiliano e procedendo verso Roma e la foce nel Mar Tirreno. In Umbria si trova la più alta cascata italiana, quella delle Marmore, vicino a Terni.
Monti	L'Appennino separa l'Umbria dalle Marche: sono le uniche montagne della regione e toccano al massimo i 1500 metri. L'Umbria è costituita da colline, spesso coperte di boschi per cui danno l'impressione di essere montagne vere e proprie. Le montagne umbre sono collocate su una "faglia", cioè una spaccatura della crosta terrestre, e di conseguenza tutto questo territorio è soggetto a terremoti.
Popolazione	831.714 umbri. E' una delle regioni meno popolose d'Italia.

Strade

Perugia è al centro di una croce composta dalla superstrada che viene dalla Romagna e va a Roma, in direzione nord-sud, e da quella che viene dalla Toscana e che, quando saranno terminati i lavori, raggiungerà il Mare Adriatico a est.

Economia

L'Umbria ha un solo esempio di industria pesante, le acciaierie di Terni, che producono prodotti all'avanguardia tecnologica – ma che oggi sono in crisi, a causa della globalizzazione; per il resto l'economia umbra è basata sull'industria leggera: pelli, tessuti, mobili, artigianato di qualità.
Questo tipo di attività produttiva non ha distrutto l'ambiente stupendo di questa regione e le molte cittadine medievali non sono state rovinate dalle tipiche periferie delle città industriali.
Questo tipo di sviluppo ha consentito al turismo di diventare una delle voci economiche più importanti della regione: c'è turismo culturale; c'è quello linguistico (a Perugia troviamo un'Università per stranieri e molte scuole di italiano) e anche

v ■ Il Duomo di Orvieto

molto turismo religioso, soprattutto ad Assisi dove è vissuto San Francesco, una delle figure più importanti ed affascinanti della cristianità, simbolo dei movimenti pacifisti anche di altre religioni.

Città

Come vedi dalla cartina, ci sono solo due province, anche se ciascuna di esse include città abbastanza grandi:

Perugia (ab. 154.566); sigla: **PG**; popolazione della provincia: 608.398 perugini. Città di Castello, Gubbio Foligno e Todi sono le principali cittadine di questa provincia. In particolare va ricordata per la sua storia Spoleto, che per alcuni secoli fu la sede di un importante ducato longobardo.

Terni (ab. 108.108); sigla: **TR**; popolazione della provincia: 223.316 ternani. In questa provincia vanno ricordate anche Narni e Orvieto.

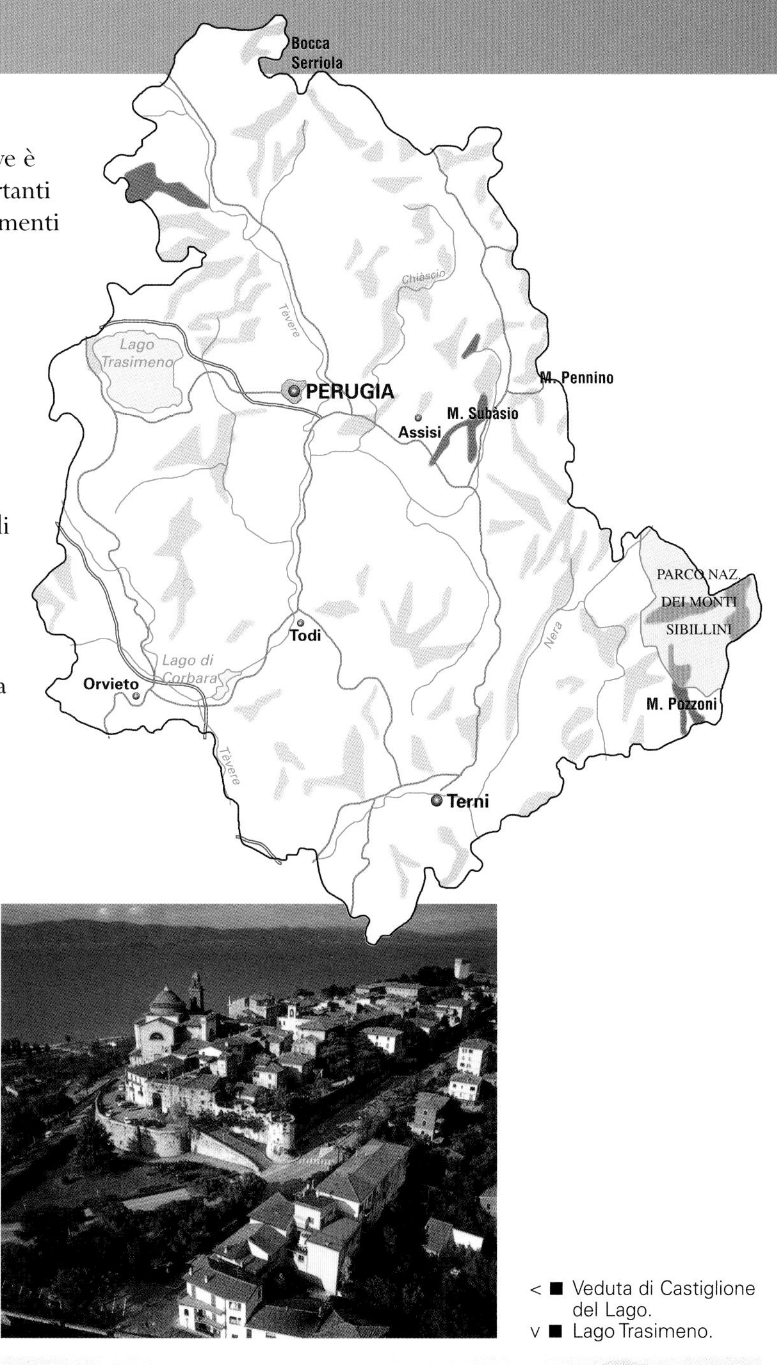

v ■ Basilica di San Francesco, Assisi.

< ■ Veduta di Castiglione del Lago.
v ■ Lago Trasimeno.

Una delle capitali dell'italiano

Quando si deve spiegare che lingua è l' "italiano" spesso si dice che è il dialetto della Toscana che si è diffuso ed imposto su tutta l'Italia a causa della potenza economica e culturale di Firenze e Siena. In realtà l'italiano è la lingua tosco-umbra, in quanto si tratta della stessa parlata, sebbene con accenti leggermente diversi.
Non solo la lingua, ma anche la letteratura italiana ha prodotto in Umbria nel Duecento, quindi prima dello sviluppo letterario in Toscana, alcuni dei suoi capolavori. Ci riferiamo soprattutto a:

- il *Cantico delle Creature* di San Francesco (1182-1226), in cui il "poverello d'Assisi" loda Dio per la bellezza della natura e della vita – e anche per "sorella morte", vista come momento sereno di unione con Dio;
- il *Pianto della Madonna* di Iacopone da Todi (1230-1306), un notaio che, come San Francesco qualche anno prima, abbandona le ricchezze per dedicarsi in povertà ad aiutare gli altri: il suo testo è drammatico (veniva anche recitato in chiesa a più voci, ed è forse il primo esempio di teatro sacro italiano) e presenta il dolore di una madre per la morte del figlio.

Questa tradizione letteraria e linguistica spiega perché in Umbria si trovino moltissime scuole di italiano per stranieri, compresa una delle due Università italiane per stranieri, e troviamo anche aziende editoriali che si occupano della produzione di materiali didattici per stranieri che studiano la nostra lingua.
Questa tradizione di insegnamento dell'italiano fa sì che in città come Perugia ed Assisi – ma non solo – ci sia una forte presenza di ragazzi stranieri, che danno una sensazione di internazionalizzazione e di giovinezza diffusa.

> ■ Piazza IV Novembre, Perugia.
v ■ Particolare del Palazzo dei Priori.

∧ ■ In questa pagina, immagini del festival *Umbria Jazz*, che attrae ogni anno migliaia di appassionati.

Una regione in palcoscenico

L'Umbria non ha grandi industrie e la sua economia si basa, come abbiamo visto, su una notevole tradizione di artigianato oltre che sulla presenza di stranieri che vengono a studiare l'italiano.
Nel secondo Novecento, l'Umbria ha iniziato a rafforzare la sua capacità di richiamo turistico, escludendo però quel tipo di turismo di massa che ha reso invivibile, ad esempio, Firenze. L'Umbria ha privilegiato il turismo colto, che si ferma a lungo e non ha problemi economici: un turismo che porta ricchezza senza distruggere la qualità della vita. Come richiami per questo tipo di turismo sono state lanciate le varie feste tradizionali, le giostre medievali, gli eventi religiosi, ecc.; ma soprattutto sono state sostenute due importantissime iniziative che fanno dell'Umbria una delle capitali culturali italiane (anche se tutto è concentrato in poche settimane).

La prima di queste iniziative è il *Festival dei due mondi*, che si tiene a Spoleto; è stato creato nel 1968 da un grande musicista, Giancarlo Menotti, e presenta musica e teatro di produzione italiana ed americana (quindi dei due mondi); si tratta spesso di esperienze artistiche d'avanguardia e ogni anno le polemiche e i dibattiti animano la vita culturale di Spoleto dando visibilità all'Umbria sui giornali e le televisioni di tutto il mondo.

L'altra grande iniziativa è *Umbria Jazz*, che coinvolge tutte le città della regione e che richiama i maggiori suonatori ed appassionati di jazz di tutto il mondo, in quanto costituisce probabilmente la più importante rassegna mondiale di questo genere musicale.

In questo modo, tra studenti di italiano, appassionati di musica, visitatori attirati dalle antiche città etrusche, partecipanti alle marce della pace ad Assisi, questa regione che in passato era povera, abitata da contadini ed artigiani, diviene sempre di più un luogo in cui la cultura produce ricchezza, sostiene l'economia, avvicina gente di ogni lingua, cultura e religione.

Lazio

www.regione.lazio.it

Superficie	Kmq. 17.207.
Territorio	Montagna 26%, collina 54%, pianura 20%.
Acque	Il grande fiume di questa regione è il Tevere, che nasce sull'Appennino Tosco-Emiliano e attraversa l'Umbria prima di arrivare in Lazio; c'è anche una grande quantità di piccoli ruscelli tra le colline, che sfociano in mare oppure sono affluenti del Tevere. L'aspetto più interessante del Lazio per quanto riguarda le acque è quello dei laghi: già dalla cartina puoi renderti conto che sono circolari, e se arrivi a Roma in aereo molto probabilmente sorvolerai il lago di Bolsena, quello più a nord: sono antichi crateri vulcanici riempiti di acqua: i principali sono i laghi di Bolsena, Veio, Bracciano e Albano.
Monti	A parte gli Appennini sul confine con l'Abruzzo, nel Lazio non ci sono grandi monti: piuttosto c'è una serie di colline, alcune vulcaniche intorno ai laghi, altre che sono quel che rimane di montagne più alte erose dall'acqua e addolcite da 3000 anni di coltivazione umana.
Popolazione	5.300.000 laziali.

∧ ■ Il Tevere nella campagna laziale

Strade

Esiste un proverbio in molte lingue che dice: "tutte le strade portano a Roma"; nel Lazio il proverbio è assolutamente vero: Roma è da 2500 anni la principale città italiana ed è da qui che partono le strade e le ferrovie, in tutte le direzioni, a stella.
L'asse principale è quello nord-sud, cioè l'*Autostrada del Sole* che va verso Firenze e Bologna a nord, dove si divide per Milano e Venezia, e verso Napoli a sud, dove si divide per Bari e per Reggio Calabria; l'altro asse è quello est-ovest: da Roma parte un'autostrada per Teramo e per Pescara, sull'Adriatico.
Nel Lazio ci sono altre strade importanti, che ricalcano le antiche vie romane (le strade erano l'elemento fondamentale di unione dell'Impero Romano): lungo il Tirreno c'è l'Aurelia, che va verso Pisa e Genova; verso la Toscana c'è la Cassia che per secoli è stata parte della "via Franchigena" che dall'Inghilterra, attraverso la Francia e la Pianura Padana, portava i pellegrini europei a Roma; ci sono poi la via Flaminia e la Salaria, che portano verso la Romagna, e la via Appia, una delle principali dell'antichità, che portava a Brindisi, in Puglia, il porto da dove si attraversava l'Adriatico per andare in Grecia e Asia.

Economia

La regione ha una buona agricoltura e qualche industria, ma essenzialmente la sua economia si basa sull'attrazione turistica esercitata da Roma, sia per la sua storia dall'Impero al Rinascimento, sia come sede del Papa. Notevole contributo economico deriva anche dal fatto che Roma è la capitale politica ed amministrativa d'Italia: centinaia di migliaia di persone lavorano nei ministeri, nelle sedi centrali di grandi aziende pubbliche e dei mass media, soprattutto la RAI.

Città

Come vedi dal numero di abitanti dei capoluoghi di provincia, il Lazio gravita tutto intorno alla sua città centrale, Roma.
Frosinone (ab. 47.486); sigla: **FR**; popolazione della provincia: 492.184 frusinati.
Latina (ab. 112.517); sigla: **LT**; popolazione: 505.846 latinensi. Si tratta di una città creata nel primo Novecento, a seguito della bonifica delle molte paludi a sud di Roma.
Rieti (ab. 45.830.; sigla: **RI**; popolazione della provincia: 150.534 reatini.
Roma (ab. 2.653.245); sigla: **RM**; popolazione: 3.802.868 romani.
Viterbo (ab. 60.319); sigla: **VT**; popolazione provinciale: 291.277 viterbesi. Qui ha sede l'Università della Tuscia, dall'antico nome di questa zona a nord di Roma.

Lo Stato della Città del Vaticano

Nel 1870 l'esercito del Regno d'Italia conquista Roma; il Papa abbandona il Quirinale (che diviene la reggia del Re d'Italia) e si rinchiude nei palazzi del Vaticano, il colle su cui sorge la Basilica di San Pietro.
Il riconoscimento del Vaticano come stato indipendente avviene nel 1929.

Lo Stato della città del Vaticano è il più piccolo del mondo, meno di mezzo chilometro quadrato; è costituito dalla Basilica, dai giardini, dai palazzi papali; non ha moneta propria, ed usa l'Euro, ma ha un suo "esercito", costituito dalle Guardie Svizzere, dalle tipiche divise multicolori disegnate da Michelangelo all'inizio del Cinquecento.
Il Papa è il capo dello Stato, che è una monarchia elettiva.

∧ ■ In alto, la bandiera del Vaticano
< ■ A lato, la cupola di Michelangelo nella basilica di San Pietro

^ ■ Tipico palazzo della fine dell'Ottocento, quando Roma divenne Capitale

^ ■ Un mercatino popolare a Roma

Posteitaliane

Alitalia

^ ■ Sopra, il logo di grandi aziende pubbliche

NON SOLO AMMINISTRAZIONE STATALE

Roma, soprattutto nella percezione dei non-romani, è una città che vive di amministrazione: lo Stato con i suoi ministeri, gli uffici della regione, della provincia, del comune... In realtà Roma ha anche altre funzioni nella vita economica della nazione.

a. la sede di grandi aziende
La Rai, l'Alitalia, Trenitalia, le Poste Italiane e altre grandi aziende hanno gli uffici a Roma, e questo significa che migliaia e migliaia di persone lavorano e producono anche al di fuori dell'amministrazione;

b. la capitale del cattolicesimo
In Vaticano vivono pochissime persone, ma sono migliaia quelli impegnati nella gestione del cattolicesimo;

c. la capitale del turismo
Roma è la capitale mondiale del turismo: questo significa non solo lavoro in alberghi e ristoranti, ma anche per le guide e per il mondo dei trasporti, dagli aerei ai treni. Inoltre, l'intera regione è produttiva nel turismo: la parte nord, verso la Toscana, ha il fascino delle colline tranquille, amate dagli stranieri, che restaurano le vecchie case contadine; tutto il resto della regione è pieno di agriturismi (case di contadini che svolgono funzione di locanda e trattoria) e di trattorie in cui passare una giornata lontani dal traffico della capitale.

La percezione dei turisti è che Roma sia fatta di monumenti, chiese e palazzi, ma in città vivono 3 milioni di persone: Roma ha conservato una vitalità popolana incredibile. Anche nel pieno centro di Roma puoi trovare mercatini come quello riprodotto sopra.
Nei ristoranti, e soprattutto nelle trattorie, il gusto popolano per la battuta di spirito, per la risata, per la presa in giro è ancora vivissimo: in certi ristoranti anche l'avvocato famoso, il politico, l'attore possono sentirsi dare del "tu" e si sentono fare domande che nessun giornalista avrebbe mai il coraggio di fare.
Quello dei laziali è un carattere forte, che con l'umorismo e la battuta si "vendicano" del fatto che da 2500 anni Roma porta tra loro personaggi ricchi e potenti, spesso arroganti e insensibili al "popolo".

^ ■ Quirinale, sede della Presidenza della Repubblica

Roma Capitale

Può sembrare strano, ma Roma è la terza capitale da quando si è costituito il Regno d'Italia 150 anni fa. All'inizio la capitale è Torino, perché l'unificazione è opera dei Savoia, duchi del Piemonte; poi, dopo cinque anni, la capitale viene spostata a Firenze, e nel 1870 le truppe piemontesi conquistano Roma, la città del Papa, e questa diventa la capitale del Regno. Oggi Roma è la città della politica e dell'amministrazione. In questa pagina vedi alcuni dei palazzi del potere e soprattutto hai un'idea dell'organizzazione dello Stato italiano.

^ ■ Montecitorio, sede della Camera dei Deputati

Il Quirinale e il Presidente della Repubblica

Posto su uno dei sette colli di Roma, questo palazzo è stato per secoli la sede dei Papi; nel 1879 diventa la reggia (il palazzo del Re) e, dopo la seconda guerra mondiale, diventa la sede del Presidente della Repubblica.
Il Presidente italiano non ha potere politico o amministrativo, è il garante di tutti – maggioranza e opposizione – non ha potere reale ma ha alcune funzioni di controllo di grande importanza politica: ad esempio, può rifiutare di firmare una legge (ma deve firmarla, se la riceve dopo che il Parlamento l'ha rivista) e può inviare messaggi al Parlamento.

Il Parlamento: Senato e Camera dei Deputati

Nei due antichi palazzi Madama e Montecitorio si trovano il Senato e la Camera: il Senato della Repubblica è più piccolo, come numero di senatori, della Camera dei deputati, ma ha lo stesso ruolo e lo stesso potere.
Il Parlamento vota le leggi, che devono passare in entrambe le camere con lo stesso testo.

∧ ■ Palazzo Madama, sede del Senato

∧ ■ Il Palazzo di Giustizia

∧ ■ Palazzo Chigi

La giustizia

La Costituzione italiana difende in maniera totale l'indipendenza della magistratura, cioè dei giudici e dei pubblici ministeri. Questi eleggono il loro "parlamentino" autonomo, il Consiglio Superiore della Magistratura, presieduto dal Presidente della Repubblica.
A Roma, oltre al Ministero della Giustizia, ha sede anche la Corte Costituzionale, che verifica se le leggi rispettano la Costituzione e risolve i contrasti tra Stato e Regioni.

Palazzo Chigi

Spesso, nei telegiornali, puoi sentire frasi come "Palazzo Chigi ha fatto sapere che...": vuol dire "il Governo", che ha sede appunto a Palazzo Chigi, una delle tante costruzioni del tardo Rinascimento romano.
Il Governo deve avere la fiducia dalle due Camere ed è articolato in una quindicina di Ministeri. I più importanti (anche in questo caso nominati spesso con il nome del palazzo), sono quello degli Esteri alla Farnesina, quello degli Interni al Viminale, quello dell'Economia in via 20 Settembre.

Abruzzo

www.regione.abruzzo.it

Era una delle regioni più povere d'Italia, ma oggi sta fiorendo – anche se la parte costiera e la valle del Pescara sono state rovinate da un'industrializzazione selvaggia e da sistemi autostradali disattenti all'ambiente.
Ma proprio l'ambiente è alla base sia di una delle principali industrie turistiche della regione, il Parco Naturale d'Abruzzo, sia dell'industria alimentare, che ha saputo trovare slancio industriale senza perdere in genuinità.

Superficie	Kmq. 10.798.
Territorio	Montagna 65%, collina 35%, pianura 0%.
Acque	Tranne il fiume Pescara e il Sangro, tutti gli altri corsi d'acqua sono solo torrenti, quasi asciutti d'estate e pericolosi in autunno e primavera, durante la stagione delle piogge e del disgelo. I fiumi sono paralleli e vanno dagli Appennini verso il mare Adriatico.
Monti	In Abruzzo troviamo le due cime più alte dell'Italia centrale: il Gran Sasso (al cui interno è scavato un avveniristico laboratorio di ricerca di fisica teorica: la massa di roccia lo protegge dalle radiazioni cosmiche e vi si svolgono esperimenti sofisticati) e la Maiella, entrambi intorno ai 3000 metri di altezza. Tutto il resto della regione è montuoso o collinare, con una serie di catene che corrono parallele verso il mare Adriatico.
Popolazione	1.300.000 abitanti. Per secoli terra di emigrazione (a Toronto c'è in realtà la più grande città abruzzese!), l'Abruzzo oggi attrae immigrazione per le industrie; le colline abruzzesi sono dolci, serene, rilassanti come quelle più famose della Toscana e dell'Umbria, e quindi c'è anche una forte "immigrazione del weekend", perché molti romani hanno qui la casa di campagna.

Strade

Le vie di comunicazione fondamentali sono due, entrambe costituite da autostrada e ferrovia: una scorre in direzione nord-sud lungo l'Adriatico, l'altra viene da Roma e in Abruzzo si apre a "Y": il ramo nord va a L'Aquila, passa sotto il Gran Sasso e arriva a Teramo, mentre il ramo sud segue il corso del fiume Pescara e giunge alla zona più popolata della regione.
Negli ultimi anni il sistema stradale abruzzese è molto migliorato ed in molte parti è al livello di quello dell'Italia del Nord.

Economia

La regione è stata per secoli molto povera. Negli ultimi decenni la situazione è molto cambiata: la valle del Pescara è diventata una zona industriale fiorente; alcuni prodotti locali sono diventati famosi nel mondo da quando la produzione artigianale si è trasformata in industria, senza tuttavia perdere di qualità: i confetti (mandorle ricoperte di zucchero) di Sulmona, i torroni della zona del Parco Nazionale, la pasta di grano duro, l'olio d'oliva, il vino, la cui qualità aumenta progressivamente e si avvicina sempre più agli standard del vino toscano.
Importantissimo è il turismo: non solo le spiagge adriatiche e le piste da sci del Gran Sasso e della Maiella, ma soprattutto il turismo

∧ ■ L'orso "marsicano", che ha rischiato l'estinzione e oggi invece sta ripopolando il Parco Naturale d'Abruzzo. L'aggettivo "marsicano" deriva dalle antiche popolazioni abruzzesi, i Marcii.

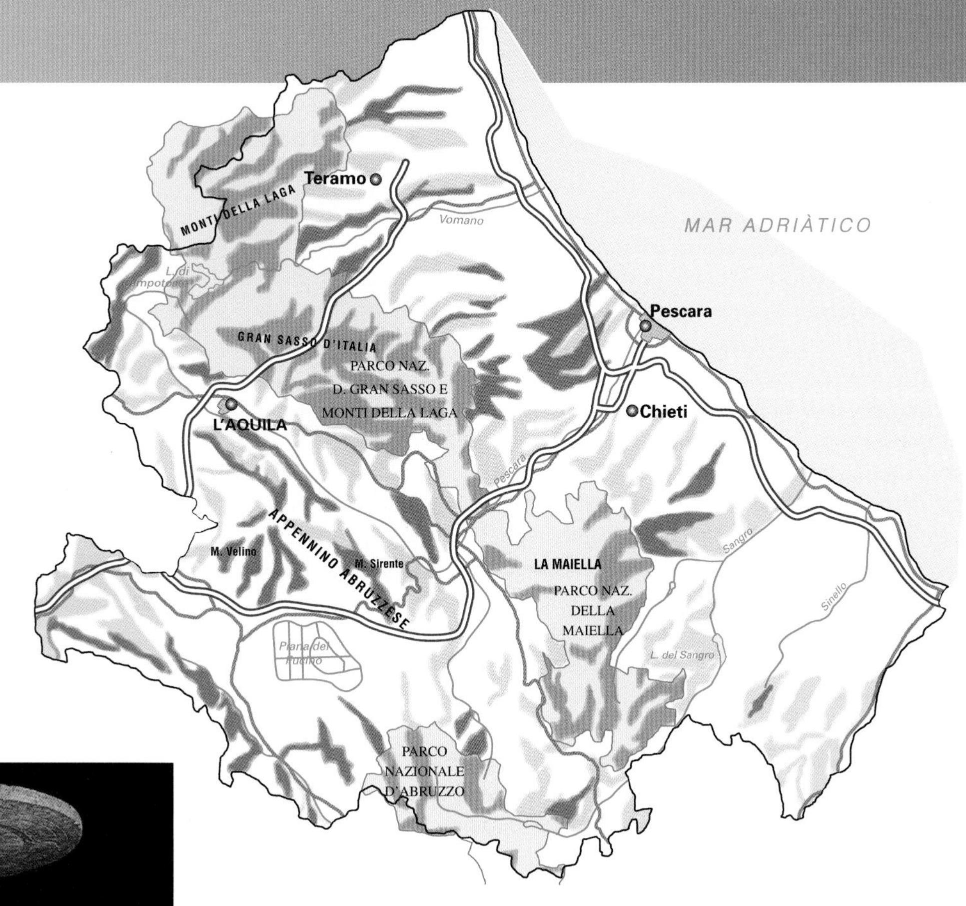

v ■ Il "Guerriero di Capestrano": scoperta da un contadino nel 1934, questa statua alta due metri è un mistero, come lo sono i Marcii, i primi abitanti dell'Abruzzo, che per secoli si difesero dalla conquista romana, cedendo la propria orgogliosa indipendenza solo tra il II e il I secolo a.C.

raffinato (che non distrugge l'ambiente e resta più giorni, producendo un forte reddito per la popolazione) degli appassionati di natura che vengono al Parco Nazionale d'Abruzzo, nel cuore dell'Appennino.

Città

Come vedi dalla cartina tutte le città, tranne L'Aquila, sono vicine all'Adriatico.

Chieti (ab. 57.094); sigla: **CH**; popolazione della provincia: 389.722 teatini; nella storia abruzzese è una delle due grandi città, insieme a L'Aquila; ha molti palazzi nobiliari ed i recenti restauri stanno riportandola allo splendore; è sede di un'importante università, che condivide con la città "figlia", Pescara.

L'Aquila (ab. 69.516); sigla: AQ; popolazione della provincia: 304.221 aquilani; città che per un millennio è stata "capitale" delle montagne alle spalle di Roma, quindi ricca, bellissima, orgogliosa. E' sede di un'università frequentata anche da molti romani, che fuggono dalle università affollate della capitale.

Pescara (ab. 117.411); sigla: **PE**; popolazione della provincia: 293.097 pescaresi; è la maggiore città della regione, anche se è la più giovane: era solo un borgo di pescatori quando Gabriele d'Annunzio vi ambientò le *Novelle della Pescara*, alla fine dell'Ottocento.

Teramo (ab. 52.299); sigla: **TE**; popolazione della provincia: 289.000 teramani o teramesi: è una tipica cittadina del versante Adriatico italiano, posta a qualche chilometro dal mare, a dominare una valle agricola, protetta alle spalle dalle montagne.

Gli antichi pastori

v ■ Pizzoferrato, paese nella valle del Sangro, una delle grandi vie della transumanza.

In Abruzzo non ci sono pianure e solo un terzo del territorio è costituito da colline; il resto è montagna – montagna alta, dura. In queste condizioni c'era solo un tipo di allevamento che poteva nutrire le famiglie: le pecore, che danno carne, latte per il formaggio, lana per vestirsi e per la vendita.
In queste zone, come in tutto il centro-sud, si praticava la **transumanza**, parola che deriva dal latino *trans*, "cambiare, spostarsi", e *humus*, "terra": in primavera si "cambiava terra" portando le greggi di pecore verso le montagne, dove la neve si scioglieva e lasciava il posto ai prati erbosi; e poi in autunno si tornava nelle valli, dove le pecore passavano i mesi freddi chiusi negli ovili (le stalle delle pecore) e si nutrivano nei campi non ancora coltivati.
Gabriele d'Annunzio, il maggior scrittore di questa regione, nato a Chieti nel 1863, ha scritto una poesia che tutti i ragazzini italiani imparano a memoria nelle scuole: descrive il momento in cui i pastori lasciano le cime e tornano verso casa – cosa che vorrebbe fare anche d'Annunzio, diventato famosissimo e abituato ormai a vivere nelle "vette" della società, ma pieno di nostalgia per la vita semplice, autentica, genuina dei "suoi" pastori.

Pastori d'Abruzzo - Gabriele d'Annunzio

Settembre, andiamo. È tempo di migrare.
Ora in terra d'Abruzzi i miei pastori
lascian gli stazzi[1] *e vanno verso il mare:*
scendono all'Adriatico selvaggio
che verde è come i pascoli dei monti.

Han bevuto profondamente ai fonti[2]
alpestri, che sapor d'acqua natìa[3]
rimanga ne' cuori esuli a conforto,
che lungo illuda la lor sete in via.
Rinnovato hanno verga d'avellano[4].

E vanno pel tratturo[5] *antico al piano,*
quasi per un erbal fiume silente[6],
su le vestigia[7] *degli antichi padri.*
O voce di colui che primamente[8]
conosce il tremolar della marina[9]*!*

Ora lungh'esso il litoral[10] *cammina*
la greggia. Senza mutamento è l'aria.
Il sole imbionda sì[11] *la viva lana*
Che quasi dalla sabbia non divaria[12].
Isciacquìo, calpestìo[13], *dolci rumori.*

Ah, perché non son io co' miei pastori?

1. I recinti dove si ricoverano le pecore.
2. Le fonti, le sorgenti d'acqua.
3. Dal luogo dove sono nati.
4. Parola rara che significa "nocciolo": sono i bastoni con cui si aiutano a camminare.
5. I "tratturi" sono antichi sentieri percorsi dai pastori con le loro greggi durante la transumanza.
6. Sembra un silenzioso fiume d'erba.
7. Orme.
8. Per primo.
9. Vede il brillare del mare. Il verso è una citazione da Dante, Purgatorio, I, 117.
10. Lungo la spiaggia.
11. Rende così bionda, dorata.
12. Non si distingue.
13. Rumore d'acqua sulla sabbia, rumore delle zampe delle pecore.

Una Regione "genuina"

"Genuino", in italiano, significa "autentico, non contaminato, vero".
L'Abruzzo è una regione genuina in tanti sensi: il carattere dei suoi abitanti è genuino ("ruvido", direbbero alcuni); le case e i castelli sono "genuini" nel senso che mostrano di cosa sono fatti (pietre, sassi, grosse travi in legno); la natura è "genuina", non contaminata, sia nel Parco Nazionale sia nelle valli e nei "tratturi", i sentieri lungo i quali camminavano i pastori e dove oggi si possono fare lunghe escursioni a piedi o a cavallo.
Ma quando si dice "genuino" si pensa soprattutto al cibo. E l'Abruzzo è una regione davvero genuina, in questo senso...

∧ ■ La lavorazione della pasta in una miniatura del medievale *Tacuinum sanitatis*

La pasta

La pasta è il simbolo della cucina del centro-sud, dove cresce il grano duro – una varietà di frumento che nasce in zone di poca acqua e produce una farina che si asciuga quindi rapidamente: vediamo perché.
La pasta è composta di tre quarti di farina e un quarto d'acqua; dopo essere stata impastata e aver ricevuto la sua forma (spaghetti, penne, maccheroni... chissà quante sono le forme della pasta italiana?) la pasta deve passare dal 25% al 10% di acqua, per poter essere conservata; se l'asciugatura è troppo veloce, la pasta crepa; se è troppo lenta si forma la muffa; nelle prime due ore l'asciugatura deve essere rapida, poi deve rallentare per un altro paio di giorni.
Da un secolo tutte queste operazioni si fanno su scala industriale usando aria calda, ma nella tradizione serviva un clima asciutto, in cui la pasta potesse essere essiccata rapidamente al sole per qualche ora, e poi restasse al chiuso a seccarsi senza umidità: il clima dell'Italia del centro e del sud, appunto!

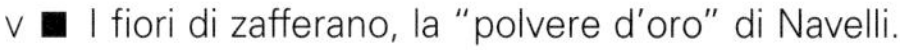

∨ ■ I fiori di zafferano, la "polvere d'oro" di Navelli.

Lo zafferano

I fiori lilla di questa pianta abruzzese di origine araba, una volta seccati e macinati, dànno una polvere dorata: basta scioglierne qualche grammo nell'acqua di cottura e i cibi diventano color oro.
I primi grandi importatori dello zafferano furono i romani e da allora la sua fortuna non è mai calata: nel Medio Evo si credeva che questa pianta avesse poteri magici, la si usava come sonnifero e come cura di molte malattie.
Probabilmente non ha nessuna di questa caratteristiche, ma rende i piatti più belli senza toccarne il sapore – e per la valle di Navelli, vicino a L'Aquila, rappresenta una fonte di ricchezza.

Molise

www.regione.molise.it

Il Molise è, dopo la Val d'Aosta, la più piccola regione italiana per dimensione e popolazione – eppure ha una grandissima varietà di paesaggi: dalle spiagge adriatiche alle montagne su cui si scia per mesi, dai boschi sui monti alle coltivazioni nelle colline. Ed accoglie anche alcuni comuni croati (caso unico in Italia; nella foto vedi le insegne bilingui a Montemitro/Mundimitar), che si aggiungono ai comuni di popolazione albanese, presenti in tutto il sud.

Superficie	Kmq. 4.438.
Territorio	Montagna 55%, collina 44%, pianura 0.
Acque	Il Molise ha due province: Campobasso è dal lato Adriatico e la sua provincia è costituita dalla valle del Biferno, dove una diga ha creato un grande lago artificiale che ha cambiato il clima di tutta l'area, rendendolo umido; Isernia invece è rivolta verso il Tirreno ed è sulla valle del Volturno, che sfocia vicino a Napoli.
Monti	Il Molise, come vedi dalle percentuali sopra, non ha pianure e oltre la metà della regione è costituita da alta montagna; questo spiega la povertà di questa zona, da cui sono emigrate tante persone (pensa che in Québec, Canada, ci sono più molisani che in Molise...).
Popolazione	320.000, chiamati "molisani".

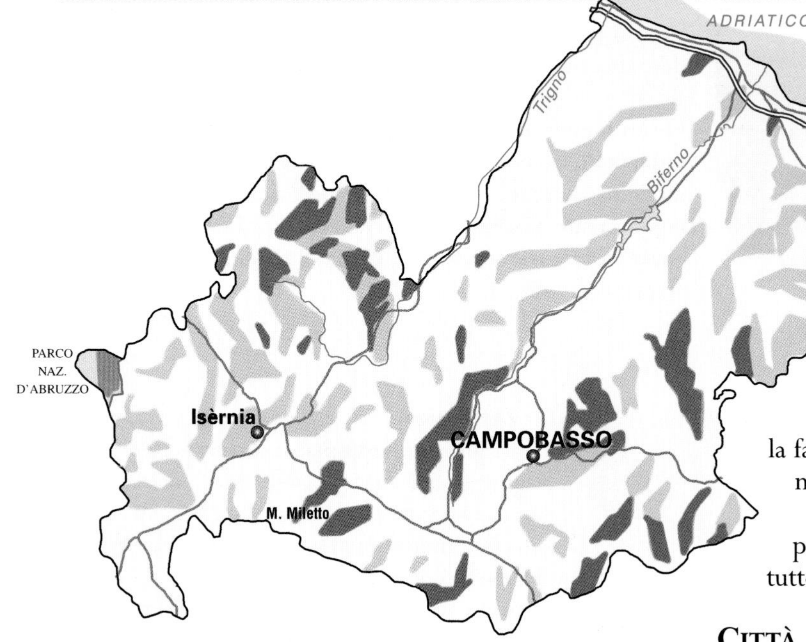

Lingue

Durante le invasioni turche, tra il XIV e il XVIII secolo, dai Balcani fuggirono in Italia gruppi di albanesi e di croati; ancor oggi la loro lingua viene parzialmente insegnata nelle scuole.

Strade

Come i fiumi, così le grandi strade sono essenzialmente due: muovendo da Campobasso, una scende verso la ferrovia e l'autostrada adriatica, e un'altra va verso Roma e Napoli, che distano circa tre ore di pullman. C'è anche una ferrovia locale che segue lo stesso percorso, ma è lenta e ancora a binario unico.

Economia

La regione è piccola ma ha alcune industrie importanti, sia di tipo moderno (a Termoli c'è un grande stabilimento Fiat) sia legate alla tradizione: a destra vedi, ad esempio, la fabbrica di campane di Agnone, la più famosa del mondo.

Molto importante anche l'industria alimentare: pasta di grano duro e olio d'oliva sono esportati in tutto il mondo.

Città

Come vedi dalla cartina, le province sono solo due e le due città sono molto piccole:
Campobasso (ab. 51.734); capoluogo regionale; sigla: **CB**; popolazione della provincia: 237.878, chiamati "campobassani"; sulla costa di questa provincia c'è un'importante cittadina industriale, Termoli.
Isernia (ab. 21.007); sigla: **IS**; popolazione della provincia: 92.016, detti "isernini".

∧ ■ Roccamandolfi, tipico paese sulle colline del Sud.

∧ ■ Insegne bilingui italiano/croato a Montemitro / Mundimitar

Una regione in cerca di rilancio

Fino a trent'anni fa il Molise era associato con l'Abruzzo in un'unica regione, ed è ovvio che il motore della regione fosse l'Abruzzo, più grande, con maggiori vie di comunicazione, in una posizione favorevole. Ora il Molise è tornato ad essere autonomo, come era stato per secoli, e sta cercando il rilancio.

Anziché puntare sull'industria pesante, che si è insediata solo a Termoli, si è puntato sulla valorizzazione delle tradizioni, dalle campane alla pasta, dall'olio al formaggio, ma soprattutto si sta puntando sul turismo di alto livello: ci sono decine di chiese romaniche e gotiche, ci sono castelli, e soprattutto c'è una splendida città romana, Saepinum, che sta tornando alla luce dopo duemila anni di abbandono – e tutti questi luoghi sono tranquilli, perché non c'è turismo di massa.

Malgrado tutto, comunque, il Molise rimane ancor oggi una delle regioni più povere d'Italia.

< ■ All'interno di questo stampo di terra speciale viene colato il bronzo che diventa una delle celebri campane di Agnone.

Campania

www.regione.campania.it

Superficie	Kmq. 13.595.
Territorio	Montagna 34%, collina 51%, pianura 15%.
Acque	Ci sono due grandi fiumi, il Volturno a nord ed il Sele a sud, che portano l'acqua dall'Appennino al Tirreno; tutti gli altri corsi d'acqua sono in realtà torrenti e sono asciutti d'estate e pericolosissimi in autunno e primavera, quando possono avere delle piene distruttive. La costa è bassa e spesso sabbiosa, tranne nella zona della penisola sorrentina, una piccola catena montuosa che penetra nel mare creando paesaggi indimenticabili.
Monti	In Campania gli Appennini non sono alti; la montagna più nota della regione è indubbiamente il Vesuvio, un vulcano dalle terribili eruzioni; da circa mezzo secolo è tranquillo, ma è ancora attivo e potrebbe riprendere l'attività da un momento all'altro, il che è preoccupante se si pensa che ci sono circa 3.000.000 di persone che vivono in zone a rischio.
Popolazione	5.800.000 campani.

> ■ La periferia di Napoli si arrampica pericolosamente sul Vesuvio, un vulcano attivo.

Strade

I due assi principali sono quello nord-sud – l'Autostrada del Sole e la ferrovia per Reggio Calabria – e quello orizzontale, da Napoli a Bari, in Puglia. Intorno a Napoli c'è una notevole rete autostradale, ma nel resto della regione le strutture stradali sono ancora inadeguate.

Economia

La Campania è una regione con grandissimi problemi di disoccupazione e di lavoro "nero", non dichiarato, il che porta ad una situazione (comune per altro a tutto il Sud) di disagio sociale. Fonte per un secolo di emigrazione sia verso l'estero sia verso il Nord, ora questa grande e popolosa regione sta cercando una sua via allo sviluppo,

dopo che sono falliti i grandi insediamenti industriali come quelli delle acciaierie di Bagnoli (in periferia di Napoli) e di Pomigliano d'Arco, dove c'era uno stabilimento dell'Alfa Romeo.

Le potenzialità della Campania sono in tre settori:

- l'agricoltura e l'allevamento di qualità: la pasta campana è famosa in tutto il mondo, così come le mozzarelle di bufala della pianura vicino a Salerno; anche il vino e l'olio stanno raggiungendo standard di qualità tali da poter competere sullo scenario europeo; una curiosità: a Harrod's, Londra, ogni mattina arrivano, con un aereo, mozzarelle di bufala prodotte poche ore prima;
- il turismo avrebbe grandi possibilità in questa regione bellissima, ma le costruzioni degli anni Cinquanta-Ottanta hanno rovinato molte delle coste; tuttavia Napoli, la Reggia di Caserta, le isole del Golfo, la Penisola Sorrentina, sono tra le capitali del turismo italiano;
- l'industria culturale e scientifica potranno dare un nuovo impulso alla Campania visto che la "camorra", la mafia campana, non può colpire chi lavora al computer a casa sua, mentre rappresenta un freno per l'indutrializzazione.

∧ ■ Un tempio greco a Paestum, nella pianura alle spalle di Salerno.

Città

Come vedi dalla cartina, le città sono distribuite in tutta la regione, non solo sulle coste, come avviene in molte regioni del Sud:

Avellino (ab. 56.001); sigla: **AV**; popolazione della provincia: 441.499 avellinesi.

Benevento (ab. 63.527); sigla: **BN**; popolazione della provincia: 294.941 beneventini.

Caserta (ab. 73.797); sigla: **CE**; popolazione della provincia: 852.221 casertani.

Napoli (ab. 1.035.835); sigla: **NA**; popolazione della provincia: 3.117.095 di napoletani, detti anche partenopei. In realtà, la popolazione della conurbazione (cioè dell'insieme di comuni vicini che, con Napoli, formano un'unica città, è di circa 3.000.000 di abitanti.

Salerno (ab. 142.658); sigla: **SA**; popolazione della provincia: 1.091.143 salernitani.

∧ ■ Una vista di Napoli in una tavola di Francesco Pagano della fine del Quattrocento.
∨ ■ L'eruzione del Vesuvio del 22 ottobre 1822 in un quadro di Camillo de Vito.

UNA CIVILTÀ COMPLESSA E CONTRADDITTORIA

La prima colonia dei greci in occidente, in quella che poi diventerà la "Magna Grascia" (la grande Grecia), fu costruita nell'ottavo secolo avanti Cristo a Pitecusa, sull'isola d'Ischia, di fronte a Napoli – e anche il nome di questa città deriva dal greco: Nea Polis, "nuova città". Poco a nord c'era, a Capua, una colonia Etrusca, che poi divenne romana come molte altre città di origine greca sulle coste del Tirreno.
Per secoli i greci, gli etruschi, i romani hanno abitato la costa campana, mentre nelle colline e nelle montagne dell'interno la popolazione originale, i Sanniti, combatteva contro i Romani: è in questi secoli che inizia il fenomeno del "banditismo", che per millenni sarà caratteristico della Campania.
Alla fine i romani conquistarono la Campania e ne fecero la sede di grandi tenute agricole e di ville per le vacanze, arricchendola di opere d'arte; sono secoli d'oro per la Campania, dove c'erano ricche città, tra le quali Pompei ed Ercolano, distrutte dall'eruzione del Vesuvio del 79 dopo Cristo.
Con il crollo dell'Impero Romano d'Occidente la costa rimane legata all'Impero orientale, a Costantinopoli, mentre nel cuore della Campania arrivano prima i Longobardi (nel 6-7° secolo), e poi i Normanni dalla Francia, gli Svevi dalla Germania, gli Aragonesi dalla Spagna.
Questo rapido percorso nella storia della regione ha lo scopo di chiarirti la complessità dell'eredità culturale dei campani, da sempre abituati a lottare contro uno "stato" lontano, che non li difende e impone tasse sempre più pesanti.
Se il carattere dei campani ha radici storiche profonde, e la complessità che deriva da questa storia e che ancor oggi è ben viva: pensa che Eduardo de Filippo, un commediografo e attore del secondo Novecento, candidato varie volte al Premio Nobel, negli anni Ottanta traduceva *The Tempest* in lingua napoletana, ribadendo in tal modo la nobiltà e la ricchezza di quello che molti considerano un dialetto qualunque.
E' quindi facile rimanere sconvolti di fronte all'anarchia, alla vitalità, alla disperazione, alla raffinatezza dei campani – ma una storia di tale complessità spiega molte cose!

∧ ■ Fontana di Venere e Adone nel parco della reggia di Caserta.
< ■ Veduta panoramica della costa di Capri.

L'INDUSTRIA DEL TURISMO

Come può uscire la Campania dalla crisi economica e dalla crisi di fiducia in se stessa che da tanto tempo la segnano?
Nelle pagine precedenti abbiamo accennato alle possibilità offerte dall'agricoltura di alto livello, dall'artigianato, dalla cultura – ma esiste un settore in cui la Campania ha possibilità enormi: il turismo che sposa natura e cultura.
Lasciamo per un momento Napoli, città che nel Settecento era tra le più grandi d'Europa e che veniva ritenuta una della capitali più brillanti (era il periodo della dinastia dei Borboni) e proviamo ad andare intorno alla città del Vesuvio.
Come vedi dalla cartina, subito a sud del vulcano sporge nel Tirreno per molti chilometri una penisola con Amalfi e Ravello, sulla costa sud, e Sorrento su quella nord: la strada che la circonda è forse la più panoramica d'Italia, e attraversa Amalfi, che nel Medio Evo era tra le più potenti del Mediterraneo e conserva monumenti molto belli.
L'industria del turismo in questa penisola è già ben affermata, gli alberghi e i ristoranti sono diffusi e di standard europeo.
Lo stesso si può dire per le isole, soprattutto Ischia e Capri – talmente bella, Capri, che il secondo imperatore romano, Tiberio, ci venne quasi per caso e non se ne andò mai più, governando da lì l'immenso impero. Nelle isole il turismo, legato anche alle terme di origine vulcanica, è di livello medio-alto e dura tutto l'anno, anche grazie agli ottimi collegamenti con elicottero all'aeroporto di Napoli Capodichino e con aliscafi veloci al porto di Napoli.
Diversa è la situazione dell'interno della Campania: l'unico monumento noto è la Reggia dei Borboni a Caserta, ma pochi conoscono l'anfiteatro romano di Benevento e le tantissime aree archeologiche sannite, romane, longobarde di queste colline, dove la povertà è ancora molto forte e il turismo potrebbe dare un forte sostegno all'economia – ma manca spesso la cultura turistica, che richiede una buona organizzazione, deve controllare il disordine, eliminare il caos edilizio, rimediare alla scarsità d'acqua, e così via.

UNA CAPITALE MUSICALE

Napoli fu una delle capitali del teatro d'opera nel Sette-Ottocento e ancor oggi il Teatro San Carlo è uno dei maggiori d'Italia; ma c'è anche un'altra tradizione musicale che ha una lunga storia e che ancor oggi è vivissima: la canzone napoletana.
Dalle canzoni possiamo avere anche informazioni sul modo di vivere e di pensare di questo popolo del Sud, diverso da quello delle altre regioni.
Il testo che ti presentiamo descrive il ritorno di un emigrante nella "terra del sole".

^ ■ Nino D'Angelo

CHIST'È O PAESE D'O SOLE,

Ogge sto tanto allegro
ca, quase quase, mme mettesse a chiagnere
pe' 'sta felicitá...
Ma è overo o nun è overo
ca só turnato a Napule?
Ma è overo ca sto ccá?
O treno steva ancora int'a stazione
quanno aggio ntiso e primme manduline...

Chist'è o paese d'o sole,
chist'è o paese d'o mare,
chist'è o paese addó tutt'e pparole,
so doce o so amare,
so sempe parole d'ammore!

Sta casa piccerella,
sta casarella mia ncoppo Pusilleco,
luntano, chi t'a dá?...
Sta casa puverella,
tutt'addurosa anèpeta,
se putarría pittá:
Accá nu ciardeniello sempe n fiore
e de rimpetto o mare, sulo o mare!

Chist'è o paese d'o sole,
...

...QUESTO È IL PAESE DEL SOLE

Oggi sono tanto allegro
Che quasi mi metterei a piangere
Per questa felicità...
Ma... è vero o non è vero
Che sono tornato a Napoli?
Ma... è vero che sono qui?
Il treno era ancora in stazione
Quando ho sentito i primi mandolini...

Questo è il paese del sole,
Questo è il paese del mare,
questo è il paese dove tutte le parole,
siano dolci o siano amare,
sono sempre parole d'amore!

Questa casa piccolina,
questa mia casetta sulla collina di Posillipo,
chi te la può dare quando sei lontano?
Questa casa poverella,
tutta odorosa di nepitella
potrebbe essere dipinta (in un quadro):
qui (c'è) un giardinetto sempre fiorito
e di fronte il mare, solo il mare!

Questo è il paese del sole,
...

L'ECONOMIA A TAVOLA

Nelle pagine precedenti abbiamo accennato al fatto che uno dei settori economici su cui sta puntando la Campania per togliersi dalla secolare situazione di povertà è quello dell'agricoltura e della produzione alimentare di alto livello. D'altra parte Napoli ha già conquistato il mondo una volta con la sua pizza!

In queste foto trovi due delle principali forme di industria agricola di alto livello che stanno riportando il benessere in Campania.
Sopra vedi i pomodorini (che gli italiani consumano spesso con qualche foglia di basilico, un'erba profumatissima che cresce in tutto il Mediterraneo): qui i pomodori maturano fin dalla primavera e sono quindi "primizie" (cioè prodotti che arrivano in anticipo rispetto alla concorrenza) e sono facilmente esportabili.
La Campania è la maggior produttrice italiana di pomodori da salsa, cioè cotti e macinati per condire la pasta asciutta e altri piatti: d'estate decine di migliaia di nordafricani immigrano in Campania per la raccolta dei pomodori – e questo crea problemi sociali notevoli...

A sinistra vedi – accompagnata dall'immancabile basilico – una mozzarella; negli ultimi decenni le bufale (una specie antica di mucca), che sembravano destinate all'estinzione, vengono allevate intensivamente per produrre tutta una serie di formaggi freschi, di cui la mozzarella è solo il più famoso. Dopo aver assaggiato le mozzarelle di Battipaglia, nel salernitano, tutti concordano sul fatto che le mozzarelle fatte al Nord sembrano di plastica – e così l'esportazione di questi prodotti dalla Campania sta portando una nuova ricchezza in campagne che per secoli sono state il regno della miseria.

Puglia

www.regione.puglia.it

Superficie	Kmq. 19.362.
Territorio	Montagna 1,5%, collina 45%, pianura 53.5%.
Acque	La Puglia è una penisola quasi interamente circondata da coste, che sono di solito basse, tranne nel Gargano. Proprio per la sua forma stretta e lunga e per la mancanza di montagne, la Puglia ha solo torrenti, a parte un fiume a nord che proviene dal Molise, il Fortore. L'assenza di acqua rappresenta uno dei maggiori problemi della Puglia; nei secoli passati era molto più ricca di torrenti ma questi sono sprofondati (anche a causa dei pozzi scavati dall'uomo) e scorrono sottoterra, creando grotte stupende come quelle di Castellana.
Monti	In Puglia, tranne nel Gargano, non esistono monti, ma solo colline che scendono verso il mare.
Popolazione	4.100.000 pugliesi.

Lingue

Come in tutte le regioni del Sud ci sono alcune comunità albanesi; ma qui troviamo – ed è un patrimonio condiviso solo con la Calabria – anche una minoranza greca, fuggita dai Balcani nei secoli in cui i Turchi musulmani rafforzavano sempre di più il loro dominio. Il greco non ha avuto finora una vera protezione come lingua minoritaria, per cui sopravvive con difficoltà, mentre rimane vivo il folklore.

Strade

L'asse autostradale e ferroviario principale è quello nord-sud. L'autostrada che scende da Bologna giunge fino a Taranto, mentre la Ferrovia, giunta a Bari, prosegue per Brindisi e Lecce. Tra Bari e Foggia arriva l'autostrada che viene da Napoli e unisce l'Adriatico al Tirreno.

Economia

La Puglia ha vissuto, nel secondo Novecento, un grande e fallimentare sforzo di industrializzazione pesante, basata sull'acciaio: in pochi anni le acciaierie di Taranto si sono dimostrate non competitive (basta pensare al costo del trasporto fino a Torino e Milano, dove l'acciaio veniva utilizzato). Di questa esperienza, e di altre simili per la raffinazione

v ■ La roccaforte di Otranto, uno dei porti fondamentali per la difesa contro i pirati saraceni che infestavano l'Adriatico.

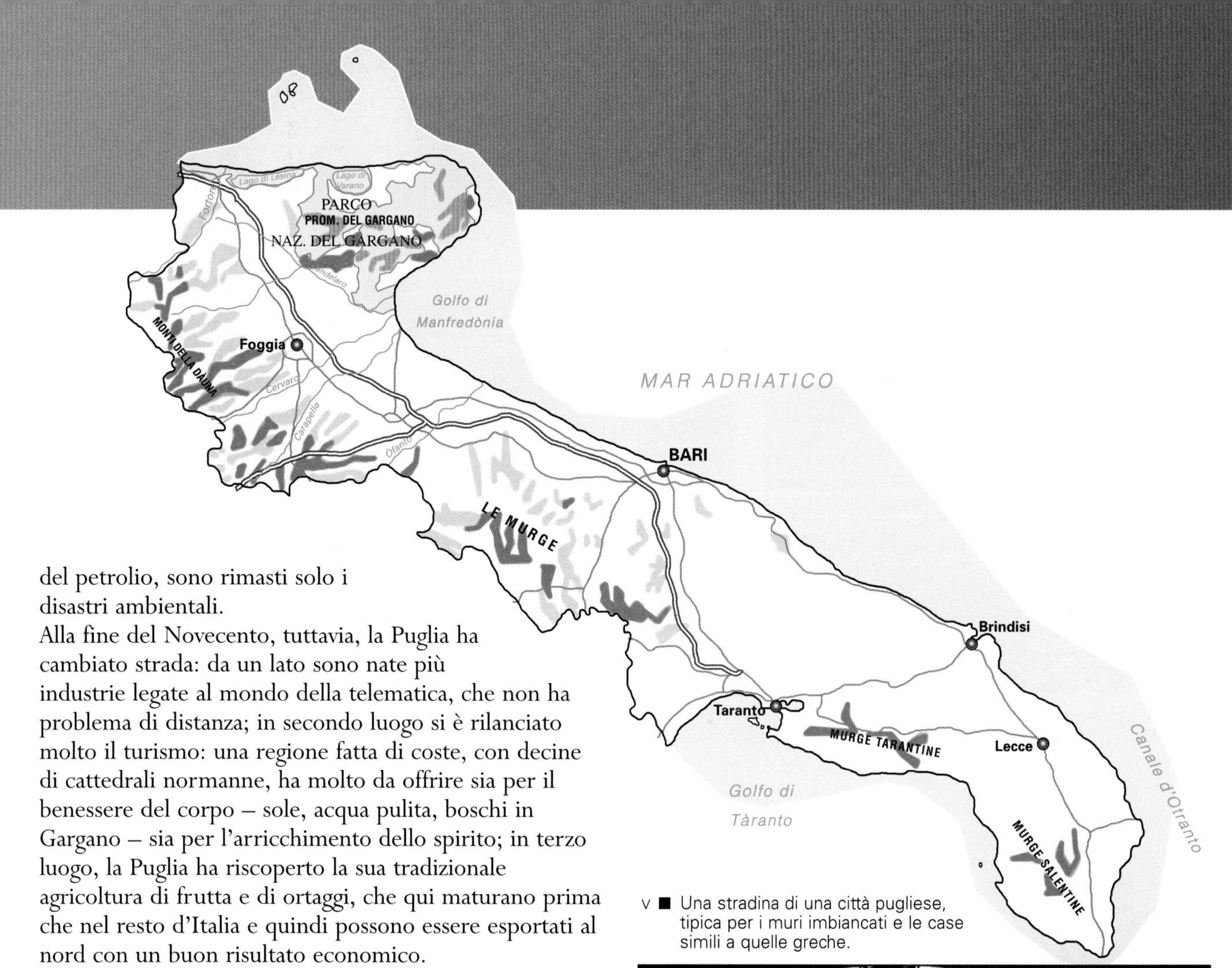

del petrolio, sono rimasti solo i disastri ambientali.
Alla fine del Novecento, tuttavia, la Puglia ha cambiato strada: da un lato sono nate più industrie legate al mondo della telematica, che non ha problema di distanza; in secondo luogo si è rilanciato molto il turismo: una regione fatta di coste, con decine di cattedrali normanne, ha molto da offrire sia per il benessere del corpo – sole, acqua pulita, boschi in Gargano – sia per l'arricchimento dello spirito; in terzo luogo, la Puglia ha riscoperto la sua tradizionale agricoltura di frutta e di ortaggi, che qui maturano prima che nel resto d'Italia e quindi possono essere esportati al nord con un buon risultato economico.
Piccola industria, turismo e agricoltura di qualità sono le tre voci in crescita nell'economia pugliese.

Città

Come vedi dalla cartina, tranne Taranto tutte le altre città sono sull'asse nord-sud. Ma nella cartina non puoi vedere, perché non era possibile riportarle tutte, la serie di città di media dimensione che si trovano tra un capoluogo di provincia e l'altro: sono molte e spesso bellissime.
Bari (ab. 333.550): sigla: BA; popolazione della provincia: 1.569.133 baresi. A nord di Bari, sede di un'importante università, ci sono Molfetta, Trani, Bisceglie e soprattutto Barletta.
Brindisi (ab. 94.429); sigla: **BR**; popolazione: 414.906 brindisini. Verso l'interno della penisola, in questa provincia troviamo una città rilevante, Francavilla Fontana.
Foggia (ab. 155.785); sigla: **FG**; popolazione: 697.638 foggiani.
Lecce (ab. 99.372); sigla: **LE**; popolazione della provincia: 818.033 leccesi (da non confondere con i "lecchesi" di Lecco, in Lombardia).
Taranto (ab. 210.536); sigla: **TA**; popolazione: 590.358 tarantini; rilevante, nella strada verso Brindisi, la città di Grottaglie.

v ■ Una stradina di una città pugliese, tipica per i muri imbiancati e le case simili a quelle greche.

↖ ■ Le tipiche case meridionali a forma di cubo.
∧ ■ Marina di Leuca, il porticciolo e, sullo sfondo, il paese.
< ■ Scogli della costa del Gargano.

UNA REGIONE FATTA DI COSTE

L'interno della Puglia ospita cittadine e cattedrali romaniche di eccezionale valore: ma la vita della Puglia è sempre più legata alla costa – cosa che nel passato era più difficile, perché il Mediterraneo orientale e l'Adriatico erano infestati di pirati e quindi era più sicuro vivere a qualche chilometro dal mare.
Oggi un buon sistema di strade locali consente un'interazione continua tra la costa, dove ci sono le città, il turismo, i divertimenti, le grandi strade, e l'interno, in cui si coltivano soprattutto l'ulivo (l'olio pugliese è tra i più ricercati), la vite (il vino sta raggiungendo standard qualitativi di tutto rispetto), ortaggi e frutta, soprattutto uva, di grande qualità.
Le coste sono punteggiate di villaggi con le tipiche case pugliesi: cubi bianchi o di color tufo dorato, collocate lungo le baie.
Molte di queste case oggi appartengono ad abitanti delle grandi città, che le usano per il weekend o le affittano durante l'estate a turisti che rimangono a lungo, non solo un giorno o due, portando benessere economico anche in questi paesi dove fino a pochi decenni fa c'era solo miseria, fame, emigrazione.
Ma è soprattutto a nord, nella montuosa e spettacolare penisola del Gargano, e a sud, dove il vento costante attrae gli amanti della vela e del windsurf, che le coste sono diventate una risorsa economica fondamentale per la Puglia, regione che sta migliorando i propri standard economici ad una velocità superiore a quella di altre regioni del Mezzogiorno.

v ■ Un'antica moneta delle colonie greche in Puglia (circa 500 avanti Cristo): la coltivazione del grano era così importante da essere riprodotta su una moneta d'oro.

v ■ La scamorza è un tipico formaggio del sud, molto diffuso anche in Puglia.

∧ ■ L'uva da tavola pugliese è la più famosa d'Italia.

Il ritorno dell'agricoltura

Abbiamo accennato varie volte in queste pagine (ma anche trattando di altre regioni) al fatto che una forma di produzione economica che pareva ormai in declino, l'agricoltura, può tornare ad essere importante e divenire un punto di forza di un'economia.
Questo succede quando si abbandona il concetto *quantitativo* di agricoltura (produrre quintali e quintali di grano, ettolitri ed ettolitri di vino o olio, ecc.) e si punta sulla *qualità*: danno più guadagno 100 litri di olio eccellente piuttosto che 300 di olio qualsiasi.

Nel mondo della globalizzazione, la produzione di quantità può essere fatta ovunque, anche dove non c'è tradizione, dove manca una conoscenza tecnologica adeguata (e servono tecnologie sofisticate per fare il vino, l'olio, le serre per gli ortaggi); in Italia, dove il territorio a disposizione per l'agricoltura è sempre meno, conviene dedicarsi a produzioni di alta qualità, quindi molto curate, oppure a produzioni di alta commerciabilità, ad esempio le primizie, cioè verdure e frutta che maturano con qualche settimana di anticipo rispetto ai concorrenti, in modo che il mercato le acquisti a prezzi alti.
In questo senso, la Puglia degli ultimi vent'anni è stata una regione esemplare.

< ■ Gli spaghetti, come tutta la pasta, raggiungono la perfezione quando sono fatti con grano duro – e la Puglia è il maggior produttore di grano duro in Italia.

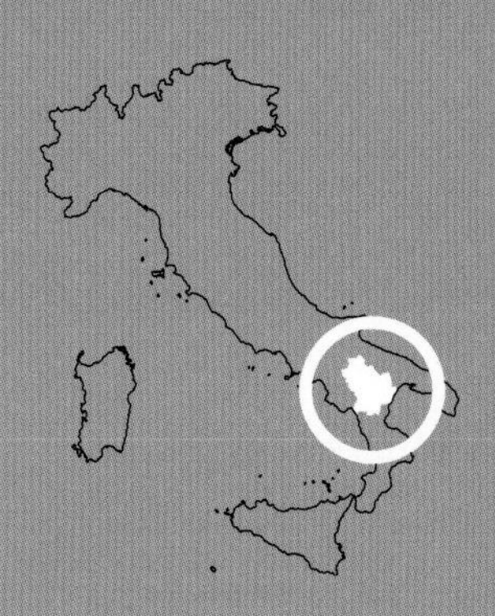

Basilicata

www.basilicatanet.it

Superficie	Kmq. 9.992.
Territorio	Montagna 47%, collina 45%, pianura 8%.
Acque	I fiumi (Sinni, Agri e Basento) vanno dall'Appennino verso il Mar Ionio e sono di carattere irregolare, con grandi e dannose piene in primavera e autunno. Lungo questi fiumi sono stati creati laghi artificiali per risolvere il problema delle lunghe siccità estive. La costa ionica è bassa e sabbiosa.
Monti	L'Appennino lucano (cioè della Lucania, antico nome della Basilicata) è abbastanza boscoso e non raggiunge altezze particolari.
Popolazione	610.000 lucani, dall'antico nome latino della regione, Lucania. Si tratta della terza regione più piccola in Italia.

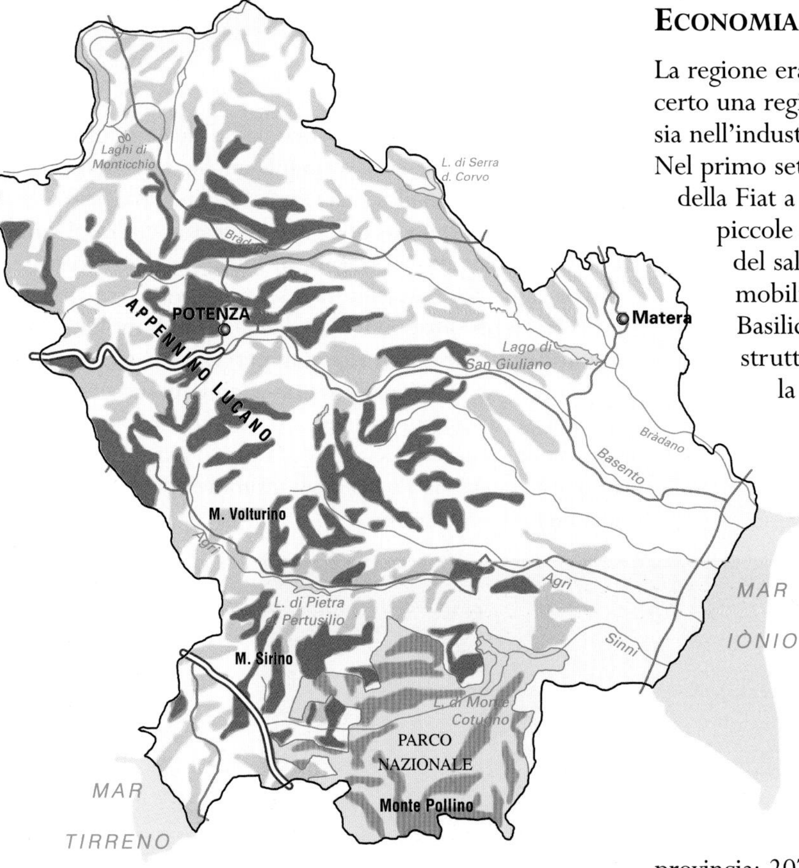

Strade

Dall'autostrada del Sole parte una superstrada che porta a Potenza. Per il resto, il sistema stradale lucano è ancora insufficiente e quello ferroviario assolutamente arretrato.

Economia

La regione era la più povera del Mezzogiorno. Oggi non è certo una regione ricca, ma ha compiuto passi da gigante, sia nell'industrializzazione sia nell'agricoltura.
Nel primo settore va ricordata un'importante fabbrica della Fiat a Melfi, sul Mar Ionio, e una quantità di piccole e medie industrie che creano il "distretto del salotto", in quanto fabbricano divani, poltrone, mobili da salotto; quanto all'agricoltura, la Basilicata ha saputo usare al meglio gli aiuti strutturali dell'Unione Europea e sta modificando la sua agricoltura, creando sistemi di irrigazione e cercando di seguire il modello della Puglia, cioè coltivazioni di qualità che possano essere esportate verso il Centro e il Nord.
Nella zona di Maratea, che si affaccia sul Mar Tirreno, sta nascendo una fiorente economia turistica.

Città

Come vedi dalla cartina, le città sono due e sono molto piccole:
Matera (ab. 56.387); sigla: **MT**; popolazione della provincia: 207.311 materini.
Potenza (ab. 69.695); sigla: **PZ**; popolazione: 403.019 potentini.

■ In questa pagina i due volti della regione: sopra, un modernissimo ponte a Potenza; sotto e a destra, il vecchio quartiere dei "Sassi", a Matera: case antichissime, scavate nella roccia, immutate nei secoli – tant'è vero che sono state il set di vari film ambientati nel mondo greco e romano.

Un capolavoro dell'Unione Europea

Montuosa (anche le colline sono aspre come montagne), con problemi di acqua durante i mesi estivi, senza particolari attrattive turistiche, priva di un buon sistema di comunicazioni e perfino di un'università, fino a trent'anni fa la Basilicata era in una situazione di abbandono e rassegnazione, i giovani se ne andavano per studiare o per cercare un lavoro e non tornavano più.

Nel 1970 vennero istituiti i parlamenti e i governi regionali, previsti dalla Costituzione fin dal 1948: a differenza di molti governi regionali, spesso criticati per l'eccesso di spesa e per l'aumento della burocrazia, i governi lucani sono riusciti a portare avanti una politica coerente e hanno saputo ottenere i finanziamenti dell'Unione Europea, che ha fondi speciali per le zone più povere dell'Unione. Insieme ad alcune contee irlandesi e alcune province portoghesi, la Basilicata è stata la regione che ha saputo usare meglio le possibilità offerte dai programmi di sviluppo europei, riuscendo ad ottenere oltre il 90% dei fondi cui aveva diritto (la media europea è sotto il 50%).
"Ottenere fondi" sembra una frase semplice: in realtà questo significa che il sistema amministrativo regionale, quello delle aziende e della giovane Università di Potenza, hanno saputo lavorare insieme per fare le richieste (che sono molto complesse da gestire), per governare la spesa, per produrre rendiconti fatti secondo le regole di Bruxelles: queste operazioni sono proprie di una società avanzata.
C'è ancora molto da fare: il sistema stradale e ferroviario va completato, la modernizzazione dell'agricoltura e della produzione di primizie va portata avanti, ma la Basilicata sembra aver imboccato la strada giusta.

Calabria

www.regione.calabria.it

Superficie	Kmq. 15.080.
Territorio	Montagna 42%, collina 49%, pianura 8%.
Acque	La Calabria è una penisola stretta, per cui non ci sono fiumi veri e propri, ma solo torrenti che restano asciutti per molti mesi e poi hanno piene distruttive in primavera e autunno. Le coste sono per la maggior parte rocciose: la possibilità di porti naturali fece della Calabria una delle mete preferite dai colonizzatori Greci tra il 7° e il 4° secolo avanti Cristo.
Monti	La regione è l'ultima parte dell'Appennino, che qui si presenta molto duro e aspro. A nord c'è il massiccio della Sila, boscosissimo, ottimo per gli sciatori, con monti intorno ai 1700 metri e vari laghi, naturali e non; a sud troviamo l'Aspromonte – nome che indica bene la natura di questa montagna alta quasi 2000 metri.
Popolazione	2.080.000 calabresi.

Lingue

Come in tutte le regioni del Sud ci sono alcune comunità albanesi; ma qui troviamo – ed è un patrimonio condiviso solo con la Puglia – anche una minoranza greca, fuggita dai Balcani nei secoli in cui i Turchi musulmani rafforzavano il loro dominio. Il greco non ha avuto finora una vera protezione come lingua minoritaria, per cui sopravvive più che altro il folklore. Da notare anche un paese in cui si parla il Francoprovenzale, la lingua della Savoia francese e della Val d'Aosta: la comunità discende da soldati partiti per le crociate e fermatisi poi in Calabria.

Strade

L'asse portante è l'autostrada che viene da Napoli e giunge a Reggio Calabria: è un'autostrada vecchia, lenta e pericolosa. Per il resto, tranne all'altezza di Catanzaro dove il passaggio dal Tirreno allo Ionio è semplice, le strade e la ferrovia corrono lungo la costa.

Economia

La Calabria è molto povera e da qui sono emigrate decine e decine di migliaia di persone, sia per l'America sia per il nord dell'Italia e dell'Europa. La situazione, a differenza di quanto avviene nella vicina Basilicata, non migliora rapidamente, manca ancora un'iniziativa organica che aiuti ad avere finanziamenti europei, le strutture di

comunicazione sono scadenti per cui l'industria non costruisce impianti e il turismo stenta ad arrivare, anche se le coste e i monti della Sila potrebbero essere la meta di molti turisti.
A Gioia Tauro, sulla costa tirrenica, negli anni Settanta fu costruita una serie di impianti industriali, ma si sono rivelati un fallimento; oggi tuttavia Gioia Tauro sta diventando uno dei principali porti di interscambio di container nel Mediterraneo.

Città

Catanzaro (ab. 97.118); sigla: CZ; popolazione della provincia: 384.483 catanzaresi.
Cosenza (ab. 76.628); sigla: **CS**; popolazione: 751.918 cosentini.
Crotone (ab. 59.879); sigla: **KR**; popolazione: 177.547 crotonesi; la strana sigla, con la lettera "K", è dovuta al fatto che è una provincia molto recente e quindi non c'erano più combinazioni di lettere disponibili; si è quindi recuperata l'iniziale greca, in quanto Crotone fu una potentissima colonia della Magna Grecia.
Reggio Calabria (ab. 180.158); sigla: **RC**; popolazione: 578.231 reggini, da non confondere con i "reggiani" di Reggio Emilia. Anche se la capitale amministrativa è Catanzaro, Reggio viene sentito come il capoluogo reale della regione.
Vibo Valentia (ab. 35.356); sigla: **VV**; popolazione: 178.813 vibonesi.

< ■ Uno dei Bronzi di Riace: queste bellissime statue, trovate nel 1974 a poca distanza dalla costa, facevano parte di un carico proveniente dalla Grecia, la madrepatria delle molte colonie che furono fondate in Calabria.

∧ ■ Anche oggi, nel cuore della Calabria, puoi vedere immagini senza tempo come questa.

∧ ■ Il gigantesco ulivo di S. Antonio, nella pianura di Gioia Tauro. La circonferenza della base misura 13 metri: è il monumento vivente ad una delle colture tradizionali della Calabria, il cui olio d'oliva è esportato in tutto il mondo.

UNA REGIONE POVERA E ANTICA

La Calabria è una penisola di montagne aspre e dure, e non è mai stata ricca, se non quando, nell'antichità, la popolazione delle colonie della Magna Grecia viveva di pesca e commercio: ma si trattava di città di poche migliaia di persone.
L'agricoltura è poca perché il terreno agricolo è poco, e anche l'allevamento delle pecore ha difficoltà, perché le montagne sono coperte di boschi e ci sono pochi pascoli, data la lunghissima estate del Sud.
Con queste premesse non ci si deve stupire del fatto che ci siano più calabresi sparsi nel mondo che in Calabria: è una lunga storia di sfruttamento da parte dei lontani governi di Napoli, di Madrid, di Palermo, che qui hanno sempre trattato i poveri solo come fonte di tasse, spingendoli "alla macchia", cioè nei boschi, trasformando in "briganti" i contadini che si rifiutavano di partire militari abbandonando le povere famiglie.

Negli anni Sessanta si è tentata l'industrializzazione pesante, come in Campania e in Puglia, ma con errori strategici fondamentali, per cui la zona di Gioia Tauro è punteggiata di enormi impianti arrugginiti. Oggi, questo porto sta conoscendo un forte rilancio, come luogo di scarico dei container dalle grandi navi internazionali alle piccole navi che li distribuiscono verso gli altri porti minori del Tirreno e dell'Adriatico.
Non ci sono ancora sufficienti investimenti per lanciare a livello europeo quello che potrebbe essere il settore produttivo più importante per questa regione, il turismo. Le coste sono bellissime e meno rovinate di quelle campane e di quelle sarde; i monti della Sila possono diventare un polo d'attrazione per gli sport invernali; le antiche città greche e i vari musei possono attrarre turisti colti, che si fermano più giorni: ma per rendere possibile il rilancio turistico della penisola calabra servono strutture di trasporto e viabilità all'altezza di un turismo moderno. Ma speriamo che le nuove strutture non cancellino una scena come quella di questa foto, con l'antichissimo ponte attraversato da un gregge, oggi come duemila anni fa!

La ricostruzione al computer del ponte sullo Stretto di Messina.

Scilla, come appare vista dalla scogliera che scende verso sud.

Il problema delle infrastrutture

Abbiamo detto che il territorio calabro non è dei più favorevoli: anche se sulla carta sono vicine, le coste ionica e tirrenica diventano distantissime quando si vuole passare dall'una all'altra in macchina – e i treni non esistono. Servono quindi percorsi trasversali, che uniscano le due coste.

Anche la ferrovia che circonda l'intera penisola ha bisogno di profondi ammodernamenti – come del resto l'autostrada Salerno-Reggio Calabria. Si tratta di un'autostrada costruita negli anni Sessanta; in considerazione della povertà della regione, si decise di non far pagare alcun pedaggio, ma la mancanza di entrate finanziarie ha ridotto di molto la manutenzione ed ha rallentato l'ammodernamento dell'autostrada, che oggi è considerata un incubo dagli automobilisti.

La situazione è migliore per gli aeroporti, soprattutto da quando l'aeroporto di Lamezia Terme, abbastanza vicino a Vibo Valentia e a Catanzaro, si è affiancato al vecchio e piccolo aeroporto di Reggio. Tuttavia, una volta giunti all'aeroporto, servono poi ore per raggiungere le città dell'interno o dell'altra costa.

Negli ultimi anni è tornata d'attualità la costruzione del Ponte sullo Stretto di Messina, cioè i tre chilometri di mare che separano la Calabria dalla Sicilia.

Molti criticano il progetto, anche perché qui ci sono terremoti spesso catastrofici come quello che distrusse Reggio e Messina nel 1908. Inoltre l'investimento necessario per costruire un ponte sospeso è enorme; d'altra parte, la violenza della corrente tra Ionio e Tirreno impedisce di mettere in acqua i piloni che sostengono il ponte. Comunque il ponte porterà lavoro per i dieci anni necessari alla sua costruzione e farà partire anche l'ammodernamento delle reti stradale e ferroviaria legate al ponte, sia in Calabria sia in Sicilia.

Sicilia

www.regione.sicilia.it

Dal punto di vista strettamente geografico la Sicilia non fa parte dell' "Italia", in quanto con questo termine si intende la lunga penisola italiana: in realtà da millenni la storia della Sicilia è legata a quella italiana.

Superficie	25.708 Kmq.
Territorio	Montagna 25%, collina 61%, pianura 14%. A nord, sopra Messina, ci sono le isole Lipari: una di queste si chiama "Vulcano", e questo ti spiega chiaramente che tipo di isole siano: coni di vulcani, spesso ancora attivi, che spuntano dal mare. Troviamo altre isole, più pianeggianti a ovest (Isole Egadi) e poi le due isole di Pantelleria e Lampedusa, più vicine alla costa africana che a quella siciliana.
Acque	La Sicilia non ha grandi fiumi, per due ragioni: - il suo clima è secco: piove durante i mesi invernali, ma poi ci sono lunghi mesi di sole, spesso di siccità; i fiumi sono torrenti, violentissimi in inverno e asciutti d'estate – e non servono quindi all'agricoltura; - i monti più alti, nella zona Orientale, sono vicini al mare, quindi non danno origine a lunghi fiumi. Fondamentale è invece il ruolo del mare: anche se ci sono città nell'interno dell'isola, in realtà la vita economica, turistica, e in parte anche l'agricoltura di pregio (verdure, frutta) si svolge lungo le coste.
Monti	In Sicilia troviamo il più importante vulcano attivo del Mediterraneo, l'Etna; secondo i Greci e i Romani, dentro l'Etna lavorava il dio Vulcano, il costruttore delle armi degli dei. Ogni anno ci sono colate di lava; le eruzioni spargono cenere per chilometri e chilometri, la città di Catania diventa grigia e spesso l'aeroporto è costretto a chiudere.
Popolazione	5.200.000 "siciliani"; questa è una delle regioni da cui sono partiti più emigranti: fino alla metà del Novecento sono andati in America del Nord e del Sud, nella seconda metà del secolo sono emigrati verso le regioni del nord d'Italia e d'Europa. Oggi emigrano le persone che hanno una formazione tecnica o che lavorano nell'amministrazione dello Stato, e al loro posto immigrano tunisini (da sempre c'è molto scambio tra Tunisia e Sicilia) e marocchini che lavorano nella pesca, per tutto l'anno, e nell'agricoltura per alcuni mesi.

v ■ La cittadina di Ibla, addossata alla collina, costruita in una pietra leggera, il tufo. Questa foto potrebbe ritrarre centinaia di cittadine siciliane, che sono molto simili.

Lingue

Oltre all'italiano, ci sono vari comuni di lingua albanese, e c'è una zona che si chiama "Piana degli Albanesi". L'albanese non ha avuto una vera protezione, per cui è rimasto vivo solo il folklore.

Strade

Per la sua storia di povertà ed abbandono, la Sicilia ha una rete ferroviaria molto limitata ed antiquata. Anche le ferrovie calabresi, che si raggiungono da Messina con un traghetto, sono antiquate, e quindi i siciliani preferiscono prendere il traghetto da Palermo a Napoli ed entrare da lì nelle reti ferroviarie moderne e ad alta velocità.
Il sistema stradale è peggiore della media

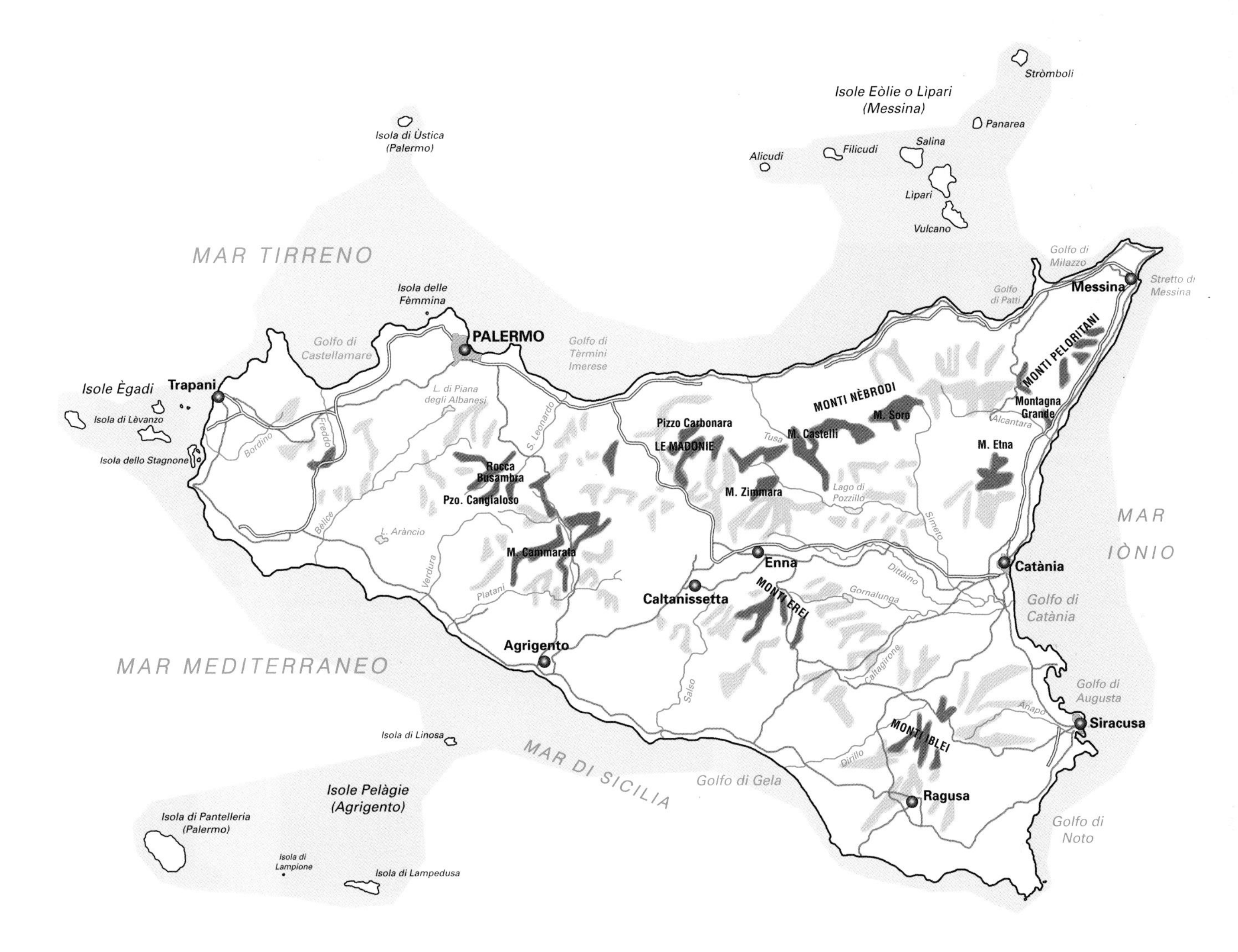

italiana, sebbene in questi anni le cose stiano cambiando moltissimo; in particolare, si sta concludendo il grande anello autostradale che corre lungo tutta la costa.

Economia

Per secoli la Sicilia fu ricchissima sia per l'agricoltura sia per la sua posizione geografica; poi, lo sfruttamento del territorio ha impoverito l'agricoltura, la posizione centrale nel Mediterraneo ha perso importanza, e quindi le forze produttive hanno abbandonato la Sicilia; infine, la presenza della mafia ha reso più difficile lo sviluppo di iniziative economiche.
Con gli aiuti dell'Unione Europea, la lotta alla mafia, le nuove tecniche di coltivazione, l'avvento della produzione telematica e l'interesse per il turismo la Sicilia sta ricominciando, seppure a fatica, a riprendere un ruolo economico positivo.

Città

Come vedi dalla cartina, le grandi città sono tutte sulla costa, tranne Enna, la più piccola delle province siciliane.
Agrigento (ab. 55.798); sigla: **AG**; popolazione della provincia: 474.034, detti agrigentini. Conserva alcuni dei più importanti templi del mondo greco. È la città di Luigi Pirandello, il più grande drammaturgo italiano, e di Andrea Camilleri, il più famoso scrittore italiano d'oggi.
Caltanissetta (ab. 62.862); sigla: **CL**; popolazione della provincia: 284.508 nisseni.
Catania (ab. 342.275); sigla: **CT**; popolazione della provincia: 1.097.859 catanesi; è la seconda città siciliana, sede di un'importante università.
Enna (ab. 28.532), sigla: **EN**; popolazione della provincia: 183.642 ennesi.
Messina (ab. 262.172); sigla: **ME**; popolazione della provincia: 681.843 messinesi; all'inizio del 20° secolo fu distrutta da un drammatico terremoto.
Palermo (ab. 688.369); sigla: **PA**; popolazione della provincia: 1.244.642 palermitani; è la capitale regionale, ricca di monumenti, soprattutto normanni.
Ragusa (ab. 69.606); sigla auto: **RG**; popolazione della provincia: 300.761 ragusani.
Siracusa (ab. 126.884); sigla auto: **SR**; popolazione della provincia: 405.510 siracusani. Fu la principale colonia greca.
Trapani (ab. 69.469); sigla: **TP**; popolazione della provincia: 435.268 trapanesi.

< ■ A sinistra l'efebo, cioè il "ragazzo", di Mozia, un'isola di fronte a Trapani; punto d'incontro tra la civiltà Greca e quella Punica, cioè cartaginese, la costa orientale ha prodotto capolavori come questo!
∧ ■ Tempio greco ad Agrigento.
↗ ■ Un tradizionale "pupo" siciliano.

Un riassunto della storia del Mediterraneo

La Sicilia è al centro del Mediterraneo, e questa posizione geografica è il punto chiave per capire la sua storia. Sul Mediterraneo si sono affacciate le civiltà degli Egizi e degli Ittiti (nell'attuale Turchia), quella greca, quella fenicia o punica (l'impero di Cartagine, in Tunisia), fin quando il Mediterraneo divenne il *Mare Nostrum* dei Romani. Nell'ottavo e nono secolo dopo Cristo l'espansione araba conquista la sponda africana del Mediterraneo – e la Sicilia partecipa a tutti questi eventi, subendo invasioni e colonizzazioni e formando il suo carattere pessimista ben descritto da Tomasi di Lampedusa nelle poche righe da *Il gattopardo* che trovi nel riquadro più avanti.

La Sicilia Greca, Cartaginese, Romana

Qui sopra vedi l'efebo di Mozia, l'isola situata nella parte cartaginese della Sicilia e uno dei templi di Agrigento, colonia greca importantissima.

Tra il 7° e il 4° secolo avanti Cristo i Greci fondarono molte colonie in Sicilia, e Siracusa divenne una delle superpotenze mondiali. Poi Roma conquistò Siracusa (ricordi Archimede, lo scienziato siracusano che con gli specchi rifletteva il sole e incendiava le vele della navi romane?) e la Sicilia.
Di quel mondo e di quella cultura rimangono, oltre a meraviglie archeologiche, anche il grande senso di ospitalità dei siciliani e un certo senso di fatalismo, la consapevolezza che il destino può mandare un'invasione, un terremoto, un'eruzione, una siccità che rendono inutili tutti gli sforzi e i progetti.

Dagli arabi ai normanni

All'inizio del nono secolo dopo Cristo gli arabi, muovendo da Tunisi, conquistarono la Sicilia. L'isola era ormai poverissima, sfruttata per secoli dall'impero romano d'Oriente che aveva preteso tasse senza investire più nulla in Sicilia. Inoltre, i commerci mediterranei si erano quasi chiusi in questi secoli, per cui la Sicilia conquistata dagli arabi era misera e poco abitata.

< ■ La chiesa di S. Giovanni ricorda l'architettura araba.
v ■ Costumi tradizionali siciliani.

Della cultura araba rimane una frase che senti spesso in Sicilia, "se Dio vuole", che traduce *Insh Allah*. E rimane anche un monumento unico per l'Europa, la chiesa di San Giovanni degli Eremiti, che vedi nella foto: sebbene costruita nel 1136, dopo la conquista Normanna, dimostra che la tradizione araba era ancora presente in Sicilia.
I Normanni, gli Angiò, gli Svevi, sono dinastie nord europee che, con Federico II di Svevia, agli inizi del Duecento la riportano ad essere capitale culturale; è qui che nascono i primi testi della letteratura italiana.
I Normanni portano la storia di Orlando (o Rolando, come si chiama qui) che combatte per Carlo Magno contro gli arabi: è una storia che dà origine ad una forma teatrale unica al mondo, quella dei "pupi", grandi e stupendi burattini di legno che "recitano" *La chanson de Roland* in siciliano.

Dagli spagnoli al Regno d'Italia

Gli Aragonesi (i duchi di Barcellona) e poi i Re di Spagna diventano padroni della Sicilia e di tutto il Sud d'Italia; il centro economico e culturale si sposta a Napoli, e la Sicilia sprofonda nello sfruttamento e nella povertà – che continua anche quando il Regno diventa autonomo dalla Spagna, dopo Napoleone.
Nel 1860 basta un migliaio di soldati, guidati da Garibaldi, per togliere la Sicilia ai Borboni – ma con il passaggio ai Savoia, i Re d'Italia dal 1861, le cose non cambiano: rimane la povertà, lo Stato è lontano ed è sentito come oppressore, incapace di controllare la mafia.

I Siciliani

Il Principe di Salina, il protagonista de Il Gattopardo *di Giuseppe Tomasi di Lampedusa, riceve nel 1861 la visita di un nobile piemontese che, a nome del Re Vittorio Emanuele II, gli offre di diventare senatore del Regno.*
Il Principe rifiuta, e spiega come sono fatti i siciliani.

Noi siciliani siamo stati avvezzi[1] *da una lunga, lunghissima egemonia*[2] *di governanti che non erano della nostra religione, che non parlavano la nostra lingua, a spaccare i capelli in quattro*[3]*. Se non si faceva così non si scampava dagli esattori bizantini*[4]*, dagli emiri berberi*[5] *, dai viceré spagnoli. Adesso la piega è presa*[6]*, siamo fatti così. [...] In Sicilia non importa far male o bene; il peccato che noi siciliani non perdoniamo mai è quello di 'fare'. Siamo vecchi, vecchissimi. Sono venticinque secoli almeno che portiamo sulle spalle il peso di magnifiche civiltà venute tutte da fuori, nessuna germogliata*[7] *da noi stessi. [...] Da duemilacinquecento anni siamo colonia. Non lo dico per lagnarmi*[8]*: è colpa nostra. Ma siamo stanchi e svuotati lo stesso.*

1. abituati.
2. dominio, comando.
3. ad analizzare le cose con precisione, a stare attenti prima di fare qualcosa.
4. funzionari dell'impero di Costantinopoli che raccoglievano le tasse.
5. funzionari berberi, cioè del Maghreb nordafricano, che governavano per conto degli arabi.
6. come un vestito stirato, abbiamo preso una certa forma.
7. fiorita.
8. lamentarmi.

La terra del sole

Se capiti in Sicilia in un pomeriggio d'estate ti chiedi come sia possibile sopravvivere con tutto quel sole: un sole che toglie la vista, il respiro, le forze... eppure è il sole che rappresenta la maggiore ricchezza di questa regione.

In **agricoltura** la Sicilia, da quando i sistemi di irrigazione sono migliorati, sta diventando la regione leader per la produzione di "primizie", cioè frutta e verdura che maturano prima che al Nord e che quindi producono un buon reddito. Tuttavia quella delle primizie è oggi un'attività a rischio perché anche la Grecia, Cipro, la Spagna del Sud e il Maghreb producono primizie; quindi lo sforzo è quello di recuperare anche colture tradizionali, come gli agrumi (arance e mandarini, soprattutto) e la frutta secca (mandorle, noci, ecc.); inoltre, sta cominciando la distribuzione commerciale di un frutto che in Sicilia nasce dappertutto, spontaneamente: il fico d'India.
La frutta e le verdure siciliane hanno un sapore e un profumo particolare – sono figlie del sole che in Sicilia splende più caldo che nel resto d'Italia.

Il **turismo** rappresenta il futuro delle regioni mediterranee in cui l'agricoltura è limitata dalla mancanza d'acqua. La Sicilia ha buone ragioni per attirare turisti: monumenti, paesaggi, fenomeni naturali come l'Etna o Vulcano... ma ha soprattutto il sole.
La scarsità di capitali, insieme alle "tasse" pretese dalla mafia, hanno bloccato per decenni le potenzialità della Sicilia di diventare la Florida d'Europa, il luogo dove si va al sole mentre il resto del continente muore di freddo. Il miglioramento delle strade, l'incremento della disponibilità d'acqua potabile, la costruzione di nuovi alberghi (anche se non sempre rispettosi del paesaggio) stanno comunque portando la Sicilia a diventare sempre più attrattiva per il turismo.

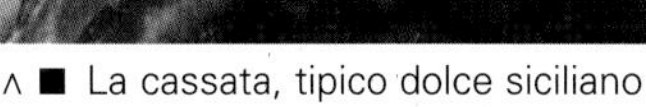
∧ ■ La cassata, tipico dolce siciliano

∧ ■ Le saline di Trapani

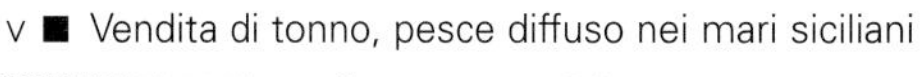
∨ ■ Vendita di tonno, pesce diffuso nei mari siciliani

Il **sapore del sole** è il terzo aspetto: la cucina siciliana, che lega la qualità dei prodotti agricoli al turismo, è eccezionale – ed è il riassunto del Mediterraneo, così come lo è la storia di quest'isola.
In Sicilia trovi cibi che provengono dall'Oriente greco, fenicio, arabo, basati sulla combinazione di dolce e salato, trovi le carni saporite e il maiale della tradizione nord europea, trovi pesci preparati in un modo che riunisce tutte le tradizioni delle coste mediterranee.
Il vino di tipo "marsala", dal nome di una grande città vicino a Trapani, è stato per secoli più famoso del Porto portoghese, certi vini rossi possono tranquillamente competere con quelli toscani, piemontesi e francesi – e l'olio d'oliva siciliano non ha concorrenti, se non in altre regioni del centro e sud d'Italia, per cui gli uliveti stanno rinascendo, dopo decenni di abbandono, e danno un colore argenteo alle colline siciliane.

> ■ La raccolta delle olive

Sardegna

www.regione.sardegna.it

Superficie	Kmq. 24.090.
Territorio	Montagna 13%, collina 68%, pianura 18%.
Acque	La Sardegna ha coste alte, rocciose, con poche eccezioni intorno a Cagliari, a Sud, e a Oristano, a ovest; le coste sarde sono famose in tutto il mondo per la bellezza delle piccole spiagge di sabbia spesso bianchissima. La Sardegna non è molto piovosa, e soprattutto ha lunghi mesi di siccità durante l'estate, per cui i fiumi non sono significativi e spesso sono torrenti, secchi per alcuni mesi. Il fiume più importante è il Tirso, che va dalle montagne sopra Nuoro fino ad Oristano. Su vari fiumi e torrenti sono stati creati laghi artificiali che garantiscono acqua per tutto l'anno.
Monti	In Sardegna non ci sono monti alti, perché si tratta di una terra antichissima (ben più antica della penisola italiana) e non ha vissuto gli sconvolgimenti che hanno creato il sistema alpino. Nel cuore dell'isola troviamo un gruppo di monti intorno ai 2000 metri, noti come Gennargentu.
Popolazione	1.700.000 sardi.

∧ ■ Orgosolo

∧ ■ I traghetti della "Moby" uniscono la Sardegna all'Italia

Lingue

L'italiano è la lingua ufficiale, ma anche il sardo è riconosciuto dalla Costituzione e tutelato come "lingua regionale", per cui viene insegnato nelle scuole.
Nella parte a nord-ovest, ad Alghero, c'è una minoranza catalana, che per secoli non ha avuto alcuna protezione; oggi il catalano è una delle lingue ufficiali del Regno di Spagna e la minoranza catalana di Alghero ha stretto forti contatti con le isole Baleari e con Barcellona.

Strade

A nord c'è un asse che va da Olbia a Sassari e Alghero; da Sassari e da Olbia partono due strade verso sud, che si unificano sopra Oristano e da lì vanno fino a Cagliari. Queste strade sono buone, ma il resto del sistema stradale sardo è molto ridotto, sia per la difficoltà di costruire strade in queste colline irregolari, con poche valli, sia per la tradizionale povertà dell'isola.
Il sistema ferroviario è praticamente inesistente, se si escludono piccole ferrovie a binario unico, spesso non elettrificate.

Economia

La Sardegna ha sviluppato un'industria turistica formidabile, che rappresenta la voce maggiore della sua economia, ma che in molte zone costiere ha prodotto danni ambientali e paesaggistici enormi.
L'agricoltura è povera per cause ambientali (poca terra coltivabile e poca acqua per irrigarla), e l'allevamento ne ha preso il posto come attività principale dei contadini.
Notevole in questi ultimi anni lo sviluppo di industrie tecnologicamente avanzatissime, soprattutto legate alla telematica.

Città

In Sardegna troviamo 4 province, ma ci sono anche molte cittadine di media grandezza.
Le province sono:
Cagliari (ab. 170.786); sigla: CA; popolazione della provincia: 770.101 cagliaritani
Nuoro (ab. 37.955); sigla: **NU**; popolazione della provincia: 271.870 nuoresi. La pronuncia, spesso sbagliata da molti italiani, ha l'accento sulla "u": Nùoro. Importante il porto di Olbia.
Oristano (ab. 33.066); sigla: **OR**; popolazione: 158.567 oristanesi.
Sassari (ab. 121.038); sigla: **SS**; popolazione della provincia: 460.891 sassaresi. In questa città ha sede un'antica e prestigiosa università.

v ■ La costa nord

∧ ■ Statuine di bronzo databili ad almeno 500 anni avanti Cristo.

∧ ■ Testina di vetro del periodo della dominazione cartaginese (3° - 4° secolo a.C.)

Una terra antica

Abbiamo già accennato al fatto che il paesaggio sardo è totalmente differente da quello della penisola e dell'altra grande isola, la Sicilia. Ciò è dovuto al fatto che questa terra non è il prodotto delle "orogenesi" (cioè degli sconvolgimenti della crosta terrestre) che hanno portato alla nascita delle Alpi e degli Appennini, ma risale a milioni di anni prima. Per questo la sua roccia è diversa, essenzialmente fatta di granito, senza materiale vulcanico, e per questo non ci sono grandi montagne, in quanto la superficie è stata erosa da milioni di anni di vento e di acqua.

Ma non solo il paesaggio, spesso "lunare", dà il senso di antichità: in effetti, la Sardegna è una delle terre di più antico insediamento umano.
Poco o nulla si sa dei sardi prima delle invasioni dei greci, dei cartaginesi e dei romani, iniziate nel sesto secolo avanti Cristo. Ci rimangono solo delle statuette di bronzo, che sembrano arte novecentesca, e i *nuraghi*, abitazioni circolari costruite con grandi pietre. In alcuni luoghi, come a Barumini, ci sono delle vere e proprie città nuragiche; in altri luoghi ci sono tombe con dolmen e pietre che sembrano collocate in funzione della posizione del sole, esattamente come presso gli egizi, i babilonesi, i celti di Stonehenge.

∧ ■ Una delle maschere di legno che ancora si usano in alcune celebrazioni tradizionali a Mamoiada, vicino a Nuoro.

Anche la cultura della Sardegna è antica: il sardo è la lingua rimasta più vicina al latino – ed antica è la forma delle maschere in legno di Mamoiada; antiche sono certe forme di comportamento, dal grande senso di ospitalità, alla tradizione del banditismo, al furto di greggi, che fino a pochi decenni fa era ancora frequente. Questa diversità della Sardegna dal resto dei paesi Mediterranei la rende un *unicum*, una realtà a sé, ed è una delle ragioni del fascino incredibile di questa terra silenziosa e lenta, che in alcune parti e in alcuni momenti pare fuori dal tempo.

tiscali

> ■ Logo Tiscali.
v ■ Porto Cervo.

Una terra (post)moderna

La Sardegna è stata fissa ed immobile per secoli, e questo ha conservato le sue caratteristiche; nel dopoguerra, anche con la costituzione della regione a statuto speciale, è iniziata la modernizzazione della Sardegna – ma con risultati su cui molti sono critici.

L'esempio più evidente è la trasformazione delle meravigliose coste della Sardegna in funzione dell'industria del turismo.
Negli anni Sessanta, soprattutto sulla Costa Smeralda (nel nord-est dell'isola), sono nati lussuosi villaggi del tutto artificiali, in uno stile finto-mediterraneo, con tocchi di gusto messicano: Porto Rotondo e Porto Cervo sono i due esempi maggiori, ma ci sono anche altre coste, dalla zona di Stintino (nord-ovest) a quella di Villasimius, a sud, dove la speculazione edilizia e lo sfruttamento intensivo delle coste hanno finito per "snaturare", nel vero senso della parola, la natura originale.
In questo scadente senso ambientale la Sardegna è "moderna", ha seguito la stessa strada di molte coste mediterranee – ma la Sardegna è anche post-moderna in quanto ha maturato la consapevolezza che bisogna reagire, e una legge recente che impedisce nuove costruzioni a meno di due chilometri dalla costa va proprio in questo senso.

In molti paesi del mondo e in molte regioni d'Italia la "modernità" ha cancellato quel che c'era prima; qui no: la "modernità" non è durata due secoli, come nelle aree industrializzate, ma solo quarant'anni. Qui, a poca distanza da antichissimi nuraghi trovi anche attrezzature nautiche modernissime cui sono ormeggiati yacht dell'ultima generazione; qui, accanto alla pastorizia arcaica si trovano aziende telematiche all'avanguardia.
Anche in questo senso la Sardegna ha superato il modello violento e distruttivo della "modernità" ed ha saputo entrare in quello che viene chiamato il mondo "post-moderno", anche se la strada da compiere è ancora molta.

GIOCHIAMO CON LE PAROLE DELLA GEOGRAFIA!

COME SI CHIAMANO GLI ABITANTI DELLE REGIONI ITALIANE?

Inserisci nello schema i nome degli abitanti delle regioni (Emilia, Romagna, Trentino e Alto Adige vanno considerate come regioni autonome, non accoppiate).

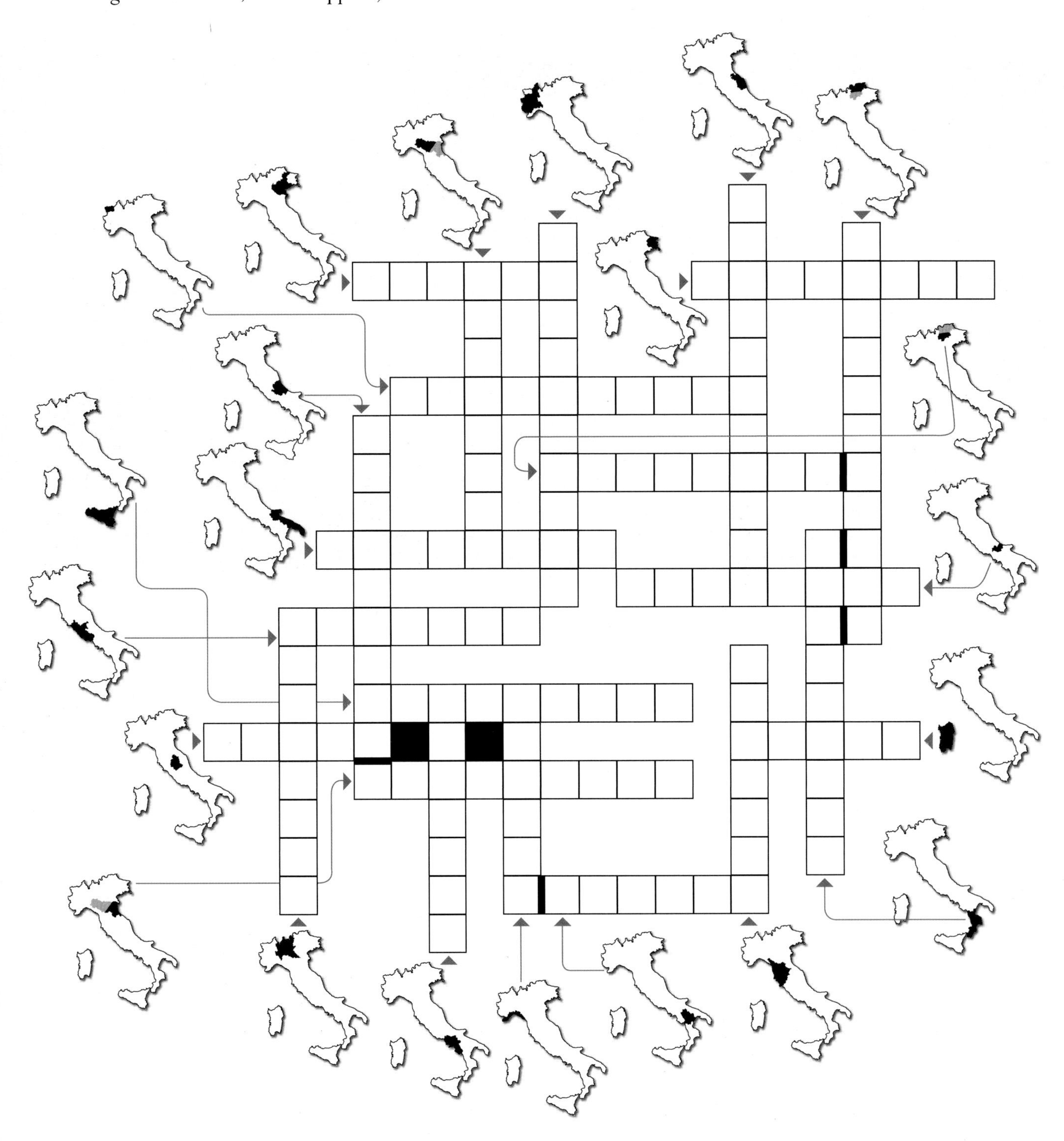

GEOGRAFIA ECONOMICA E CULTURALE

Vedremo in queste pagine il territorio dove 60.000.000 di italiani e di immigrati lavorano, studiano, fanno dell'Italia una potenza industriale e un centro culturale di primaria importanza nel mondo.
Vedrai la geografia dell'economia, dei trasporti, dell'agricoltura – ma troverai anche la geografia dell'arte, della letteratura, della musica italiane.
Vedrai come il Centro-nord, che per un secolo ha dato braccia all'industria americana ed europea, sia diventato una delle zone più ricche del mondo.
Vedrai come il Centro-sud, che per secoli fu la parte più civilizzata ed avanzata del Mediterraneo, da mille anni abbia perso la sua centralità. Ci sono poche strade e ferrovie, ci sono poche industrie, da lì sono fuggiti, a cercare lavoro, milioni di persone. Ma vedrai anche come alla povertà economica non ha corrisposto una povertà culturale, anzi!

TRASPORTI

IL SANGUE DI UN PAESE

I trasporti sono per un Paese quello che il sangue è per il corpo umano: portano in giro le sostanze di cui si ha bisogno per vivere, per crescere.
Ma come il sangue può riempirsi di sostanze pericolose, così anche i trasporti possono diventare una fonte di inquinamento ambientale e anche psicologico, cioè essere fonte di stress, di stanchezza, di ansia – di morte: oltre 6.000 persone muoiono sulle strade italiane ogni anno, e sono soprattutto giovani.
Cerchiamo di vedere i trasporti più da vicino.

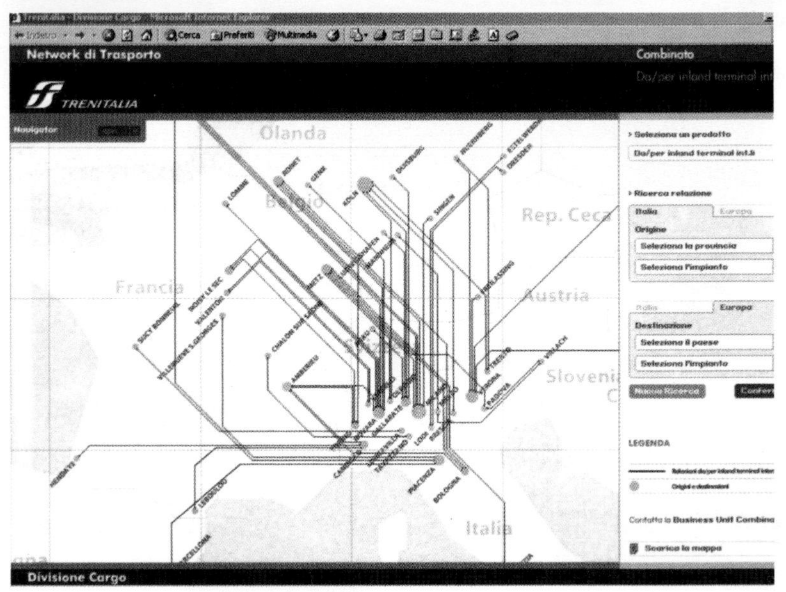

∧ ■ La rete europea del trasporto merci. Solo il Nord dell'Italia è ben collegato.

LA STRUTTURA

Il sistema italiano dei trasporti ha alcune caratteristiche particolari:

- di solito le ferrovie e le autostrade sono vicine e parallele;
- siccome città, cittadine e paesi sono migliaia, la rete delle strade locali è fittissima; le ferrovie locali invece sono molto poche, e in questo l'Italia è una nazione arretrata;
- l'unico fiume navigabile è il Po, ma viene poco sfruttato per i trasporti; anche i trasporti lungo la costa, da città a città, non sono sviluppati: negli ultimi 50 anni i governi italiani hanno preferito potenziare le autostrade – ed è stata una scelta infelice.

La forma dell'Italia spiega anche la forma della rete dei trasporti: a nord c'è l'asse orizzontale da Torino a Trieste; da questo asse tre linee verticali (da Milano, da Verona e da Padova) scendono verso Bologna, il nodo delle comunicazioni in Italia; da lì si scende a sud per due vie parallele, una sull'Adriatico e una vicina al Tirreno.

IL TRASPORTO DELLE MERCI

La videata che trovi in queste pagine è presa dal sito internet di Trenitalia Cargo, cioè la società ferroviaria che si occupa del trasposto merci; la mappa è molto chiara: oggi i collegamenti sono ricchissimi verso l'Europa, ma verso il Centro-sud c'è ancora il deserto.

In Italia è stata fatta una politica di cui oggi paghiamo le conseguenze: per anni si è preferito il trasporto su camion a quello su treno o su acqua. Questo ha sostenuto l'industria automobilistica, ma ha inquinato l'ambiente, ha rovinato le autostrade, ha reso pericoloso il viaggio per le piccole automobili schiacciate tra enormi camion, ha impedito investimenti veri sulle linee ferroviarie.
Le cose stanno cambiando, ma è un processo che richiederà anni e enormi capitali.

IL TRASPORTO DELLE PERSONE

I sistemi di trasporto pubblico sono stati trascurati per anni, e solo adesso stanno nascendo:

- una rete di treni ad alta velocità; oggi, ad esempio, andare a Roma da Milano o da Venezia è più rapido nei treni Eurostar che in aereo;
- la rete ferroviaria attuale resterà a disposizione dei treni locali, che sono passati sotto il controllo regionale; alcune regioni stanno già acquistando nuovi treni, all'avanguardia tecnologicamente e attenti alla comodità dei passeggeri; la rete attuale sarà a disposizione anche del trasporto delle merci;

∧ ■ Un Eurostar, il bellissimo treno ad alta velocità disegnato da Pininfarina.

> ■ Un'immagine dello sciopero proclamato dai camionisti alla frontiera del Brennero nel 1991, dopo la decisione del Governo austriaco di ridurre i passaggi di autotreni sul proprio territorio.

- varie città stanno progettando metropolitane (per ora solo Milano, Roma e Napoli hanno un sistema minimo di metropolitane), in modo da rendere veloce il traffico cittadino e da convincere gli italiani a non usare la macchina che inquina le città (dove spesso ci sono blocchi al traffico per ridurre gli scarichi) e consuma benzina (che l'Italia importa al 100%).

Una sfida per il futuro

La politica dei trasporti di persone e merci, tra le città e dentro le città, è stata condotta molto male in Italia per 50 anni. Si sono fatti disastri ambientali, l'Italia è il Paese con il maggior numero di automobili per abitante al mondo (nel 2004 sono 42.000.000 di macchine contro 58.000.000 di persone!), ma non si sa più dove metterle. La sfida del futuro è trasportare le merci su treno e non su camion, creare una grande rete ad alta velocità, fornire trasporti urbani veloci e poco inquinanti, completare le reti stradali e ferroviarie del centro (tra Tirreno e Adriatico), ma soprattutto del Sud e delle Isole, dove sono ancora poche e tecnologicamente arretrate. In Italia il 60% delle ferrovie è ancora a binario unico, e la rete italiana, di circa 15.000 km., è meno della metà di quella francese e un terzo di quella tedesca: la sfida della modernizzazione è immensa!

INDUSTRIA

La sesta potenza industriale del mondo

L'Italia è la sesta potenza industriale del mondo, con un PIL (Prodotto Interno Lordo: il totale della ricchezza prodotta in un anno) simile a quello della Gran Bretagna e inferiore di poco a quello francese.
Ma la situazione economica è più delicata in Italia che negli altri grandi paesi europei. Vediamo perché.

Il bisogno di energia

L'Italia non ha carbone, ha pochissimo petrolio e gas. Negli anni Ottanta un referendum ha escluso le centrali nucleari, le abitazioni sono distribuite sul territorio in modo tale che è difficile trovare grandi spazi liberi per sfruttare l'energia prodotta dal vento...
Fino a quando non si troverà il modo di ottenere energia dall'idrogeno, l'Italia sarà legata ai rifornimenti dall'estero, all'andamento dei costi del petrolio, alla politica internazionale.

v ■ Un impianto dell'Enel, la società elettrica più importante in Italia. L'Italia non ha fonti di energia proprie, quindi dipende dalle importazioni per quanto riguarda carbone, petrolio e gas.

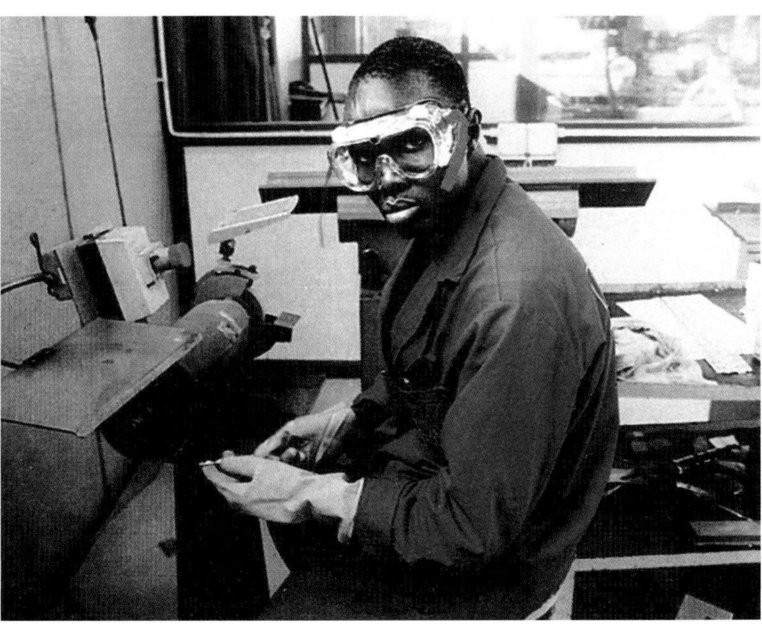

∧ ■ Un operaio immigrato. Molti degli operai nelle fabbriche italiane vengono dal Nord Africa o dall'Europa Orientale.

< ■ La copertina de *Il Mondo*, un importante settimanale economico italiano.

Un mercato mondiale per prodotti di qualità

L'Italia esporta più di quanto importi – e se un giorno si risolverà il problema dell'importazione di energia elettrica (26%) e del petrolio (99%) sarà il Paese con la maggiore differenza tra importazioni ed esportazioni. Ci sono delle aree, soprattutto il Nord-Est, che esportano il 70% dei loro prodotti.

Ma le esportazioni sono legate agli avvenimenti internazionali – una guerra, una crisi in paesi lontanissimi, una votazione all'ONU, ecc., sono fattori incontrollabili che hanno effetti incredibili sulle aziende italiane che vivono di esportazione.

In questi ultimi anni, poi, è cambiato il tipo di prodotti che si esportano: non si costruiscono più in Italia prodotti di massa (jeans, bicchieri di vetro, viti, ecc.), che sono a basso costo e quindi a basso guadagno e che possono essere prodotti dappertutto; invece si punta sempre di più su prodotti che richiedono alta tecnologia, design in continua evoluzione, sistemi che sono insieme industriali e artigianali: dalla Ferrari all'alta moda, dai mobili di qualità alle scarpe eleganti, e così via.

"Piccolo è bello" – oppure "era" bello?

La forza dell'economia italiana è la piccola e media industria. Soprattutto il Nord-Est è diventato una potenza economica basandosi su piccole aziende.

Ma la piccola azienda spesso passa di padre in figlio, anche se il figlio non ha le qualità manageriali del padre; inoltre un'azienda piccola non può finanziare la ricerca e ha difficoltà a trovare i capitali necessari per esplorare nuovi mercati.

Da qui, per superare lo slogan degli anni Ottanta "piccolo è bello", nasce l'idea del "distretto": nel solo Nord-Est troviamo i distretti delle sedie, degli occhiali, delle scarpe; in Emilia quello delle piastrelle e delle ceramiche; in Basilicata quello dei divani, poltrone, salotti: si tratta di piccole industrie dello stesso tipo che si associano per condividere una parte delle spese di ricerca, per esplorare nuovi mercati, e così via.

Forse il futuro dell'industria italiana è proprio in questo modello, in cui si salva la creatività della piccola azienda, ma si condividono i grandi investimenti.

AGRICOLTURA E INDUSTRIA ALIMENTARE

L'Italia, da secoli, ha un numero eccessivo di abitanti in confronto a quelli che possono essere alimentati dalla sua terra, soprattutto se si ricorda che metà del territorio è montagnoso. Da secoli i contadini abbandonano una campagna che non può nutrirli tutti. Dal 1880 circa questo esercito di ex-contadini ha dato forza lavoro alle industrie del Nord, dell'Europa, dell'America, dell'Australia.
Ma oggi c'è un modo nuovo di concepire l'agricoltura e l'industria alimentare.

L'AGRICOLTURA DI QUALITÀ

In passato l'agricoltura era di massa: tanto grano per fare il pane e la pasta, tanto mais per la polenta e l'allevamento, tante barbabietole per lo zucchero, tante viti per fare solo due tipi di vino, "bianco" e "nero", tanti ulivi per l'olio.
Oggi l'agricoltura di massa non è più possibile, anche perché il territorio pianeggiante e collinare è in gran parte occupato da abitazioni e capannoni industriali; rimangono solo piccoli appezzamenti, che non bastano a pagare i trattori e le macchine agricole di cui l'agricoltura ha bisogno.
Proprio le piccole dimensioni degli appezzamenti coltivabili hanno costretto l'Italia a cambiare idea di "agricoltura": non più grandi campi di grano, ma piccoli appezzamenti di ortaggi, verdure, fiori; soprattutto al sud trovi distese di serre, che creano un micro-clima favorevole e fanno maturare le verdure in anticipo (le "primizie") e quindi portano sul mercato prodotti ad alto reddito.
L'agricoltore, il coltivatore di vigne, di uliveti, di fiori sono sempre più attenti alla qualità, perché solo questa può permettere l'esportazione ad altre regioni o in Europa – e quindi può consentire un buon guadagno.
E così il vino non è più "nero" o "bianco" come lo facevano i contadini, ma è Doc, a "Denominazione d'Origine Controllata", come l'olio d'oliva, i formaggi, i salumi, ecc.
Come Armani e Ferrari curano ogni particolare per

> ■ Veduta di campi coltivati a ortaggi.

^ ■ Qui sopra, cartello anti OGM
↖ ■ Veduta di uliveti
< ■ Vitigni

dominare il mercato del lusso, così anche frutta, verdura, vino, olio devono essere perfetti se si vuole che producano reddito. E oggi l'agricoltura sta tornando ad essere una buona fonte di reddito e il "contadino" non è più la leggendaria figura povera e rassegnata. Anzi: spesso ha la laurea in agronomia, cioè nella scienza dell'agricoltura!

L'INDUSTRIA ALIMENTARE E IL PIACERE DEL CIBO

Nelle schede dedicate alle varie regioni un tema torna spesso: molte case di contadini sono diventate "agriturismi" (molti italiani usano solo il singolare, "degli agriturismo"), cioè trattorie dove almeno due terzi dei prodotti serviti sono di produzione propria; il movimento *slow food*, cioè il piacere della tavola curata, con prodotti genuini e garantiti, è diventato una realtà che coinvolge tutti, dalla Val d'Aosta alla Calabria; le grandi aziende di pasta hanno affiancato prodotti di altissima qualità alla produzione industriale di massa.
Come il vino non è più "bianco" o "nero" ma sempre più "Doc", così i formaggi, che anni fa erano solo "freschi", "mezzani" o "stagionati", oggi hanno valorizzato la loro grande varietà e non hanno nulla da invidiare ai formaggi francesi.

IL PROBLEMA DELLA SICUREZZA

Il cibo è fondamentale per la salute; per decenni abbiamo mangiato prodotti con coloranti e conservanti dannosi, oggi vietati; adesso il rischio è quello dei polli allevati con grandi dosi di antibiotici, delle mucche drogate da estrogeni (un ormone che le fa ingrassare), delle piante geneticamente modificate.
L'Italia sta muovendosi decisa, da anni, in una direzione di protezione della salute: sono vietati antibiotici, estrogeni e OGM, organismi geneticamente modificati. Questa è una delle caratteristiche della "qualità" quando si parla di agricoltura ed industria alimentare.

IL "MADE IN ITALY"

La globalizzazione sta cambiando la realtà economica del mondo e in Italia è vista sia con paura (la Cina produce prodotti a costo molto minori, India e Brasile hanno alti livelli di ricerca scientifica, l'Est Europeo ha una tradizione industriale che viene rilanciata) sia come un'opportunità di nuovi mercati che si aprono.
Questi nuovi mercati non sono costituiti dai miliardi di operai e contadini di reddito basso in Cina, India, America Latina, Europa Orientale, ma dagli imprenditori, dai professionisti, dai tecnici – dalla classe dirigente, cioè da persone che hanno un reddito alto: è a loro che può interessare una serie di prodotti che in Italia chiamiamo, con espressione inglese, made in Italy e che costituiscono una forte parte dell'esportazione italiana.

Made in Italy

Con questa espressione si intende tutta la produzione italiana caratterizzata da due qualità:

- Una eccellente qualità di progettazione, di materiali, di esecuzione. Il caso più evidente è quello delle scarpe di alta qualità, che sono fatte con progetti ben studiati, con materiali di alto livello (pensa al brevetto Geox delle scarpe che lasciano respirare il piede), con una lavorazione eccellente: non è pensabile che si stacchi un tacco o che si rompa un filo delle cuciture;
- Uno stile molto raffinato, con un gusto che è la versione moderna dell'eleganza dei grandi artisti italiani.

La moda

La prima cosa cui si pensa parlando di "gusto italiano" è l'alta moda: Armani, Valentino, Gucci, Ferragamo, Fendi, Versace, Dolce & Gabbana, Missoni – sono solo alcuni dei nomi dei grandi stilisti italiani i cui abiti sono status symbol in tutto il mondo.
Anche in questo caso la ragione del successo sta nella qualità dei tessuti e della lavorazione, insieme all'eleganza del progetto: un abito di Armani sembra semplicissimo, ma è il risultato di molta attenzione, di molto studio. Per questo l'alta moda impiega moltissimi lavoratori, perché si tratta sempre di vestiti tagliati e rifiniti a mano.

Il design industriale

Anche in questi casi il "gusto" discende dalla grande tradizione di architetti ed ingegneri del passato, da

■ In questa pagina e a fronte, esempi di design e abbigliamento italiani.

Michelangelo a Leonardo a Sansovino, che non si vergognavano di progettare fortezze, magazzini, ponti, e di pensare a tecnologie innovative.
Molte automobili e treni non solo italiani sono progettati da Bertone, Pininfarina, Giugiaro ed altri stilisti che mettono insieme conoscenza tecnologica e raffinatezza stilistica, eleganza di disegno, equilibrio di forme.
Recentemente la Cina ha acquistato 35 treni Eurostar la cui carrozzeria è progettata da Pininfarina: la ragione della scelta è stata spiegata così: "sono i più belli".
Ma il design industriale non riguarda solo le grandi macchine: pensa che gran parte degli occhiali eleganti del mondo vengono realizzati nel Nord-Est italiano dalla Luxottica e da altre aziende collegate: la montatura di un occhiale, sebbene meno appariscente di un treno, richiede tecnologie e progettazioni di alta ingegneria, studio dei materiali – e poi stile, eleganza, gusto. E quindi richiede lavoro, e crea molta occupazione specializzata.

L'ARREDAMENTO

Il discorso che abbiamo fatto per gli stilisti della moda e della produzione industriale vale anche per l'arredamento. In Italia c'è una forte tradizione di artigianato elegante che ora si è trasformato in industria, ad esempio con i piatti, le posate, le caffettiere di Alessi, i bicchieri di Bormioli, le attrezzature elettriche B-Ticino, tutti gli oggetti di Murano e di altre aziende di vetro d'arte: anche in questo caso si sposano tradizione artigianale, cura di ogni singolo pezzo, e tecnologia industriale.
L'altro grande settore del made in Italy per quanto riguarda l'arredamento è dato dai mobili, sia quelli tradizionali (che si realizzano soprattutto tra Basilicata e Puglia) sia quelli dalle linee modernissime, realizzati soprattutto nel Nord-Ovest, nelle zone intorno a Milano e Torino.

TURISMO

L'Italia è la capitale mondiale del turismo. Gli stranieri vengono in questo Paese per visitarne l'eredità culturale, le bellezze naturali – e goderne il clima.
Vediamo meglio questi aspetti.

I "giacimenti" culturali

Vent'anni fa, durante un dibattito sulla povertà di giacimenti petroliferi (cioè di grandi quantità di petrolio che "giacciono", si trovano sottoterra), un ministro lanciò l'idea di puntare la nostra economia sui "giacimenti culturali".
In effetti, in Italia – a seconda delle diverse valutazioni – si trova tra un terzo e la metà degli oggetti d'arte del pianeta: quadri, statue, architetture; se a queste si aggiungono manoscritti, antichi mobili, strumenti musicali, ecc., l'Italia ha circa il 75%, cioè tre quarti, dell'eredità culturale del pianeta.
Fino a pochi anni fa la situazione era disastrosa: i musei, vecchi e mal tenuti, si limitavano a collezionare cose importanti, non si interessavano della promozione culturale o dell'educazione del visitatore; oggi le cose stano cambiando in maniera rapidissima.
Lo stesso va detto anche per i siti archeologici, dove oggi troviamo schede di spiegazione vicino ai resti antichi e si possono vedere ricostruzioni multimediali che fanno rivivere i momenti di splendore di città, templi, ville, anfiteatri come il Colosseo.
Questa attenzione per il visitatore rappresenta la chiave per il rilancio del turismo culturale, perché la visita a un museo o a un sito archeologico non sia solo un rapido sguardo ma diventi un viaggio in mondi diversi dal nostro.
C'è ancora molto, moltissimo da fare, perché gli interessi del turismo culturale e del turismo di massa sono opposti – ma solo il turismo di qualità può garantire il futuro.

Le bellezze naturali

Se guardi le pagine di questo libro trovi una grande quantità di paesaggi stupendi: le dolcissime colline toscane, le coste alte di Trieste o della Calabria, le spiagge

bianche della Sardegna, le cime rosa delle Dolomiti... Il tutto in un territorio relativamente piccolo. A 10 km dalle coste rocciose di pagina 57 ci sono le ampie spiagge di Grado; se guardi la penisola del Gargano, in Puglia (p.97), vedi che il lato nord ha spiagge e lagune, mentre sul lato sud, a pochi chilometri di distanza, ci sono rocce, scogli, grotte...
E' naturale, quindi, che i turisti amino venire nelle spiagge, sulle colline, tra le montagne italiane se in un'ora di macchina possono poi trovare città con storia millenaria, paesaggi totalmente differenti, e soprattutto un "matrimonio" originale, unico, tra gli antichi borghi e la forma delle colline o le anse dei fiumi.
Gli ultimi cinquant'anni sono stati disastrosi, e solo di recente la coscienza paesaggistica italiana è riuscita a bloccare le enormi costruzioni di cemento armato e sta cercando di far distruggere hotel e ville costruite nel patrimonio comune del paesaggio e della bellezza naturale.
Molto rimane da fare, ma la strada su cui si lavora oggi pare quella di una buona conservazione della natura e dei paesaggi che 3000 anni di storia ci hanno lasciato in eredità.

Il clima

Il clima italiano è mite quando nel resto d'Europa fa freddo, ed è più fresco, per merito del mare, quando l'estate schiaccia le zone continentali europee. Tranne che per brevi periodi, in Italia non ci sono grandi freddi e grandi caldi, anche se l'inverno padano può essere nebbioso e l'estate del sud può essere arida.
Il clima che attrae tanto turismo è quello "mediterraneo" – ma, come dice il nome stesso, anche Spagna e Grecia, Croazia e Turchia hanno un clima mediterraneo. Perché l'Italia ha ancora una posizione di dominio? E, soprattutto, come resistere alla concorrenza degli altri paesi del Mediterraneo? La risposta è una sola, ed è la stessa che abbiamo visto nelle pagine precedenti, parlando di agricoltura: qualità. Qualità delle vie di comunicazione, dell'accoglienza alberghiera, dei cibi, dei divertimenti, per cui il turista viene in Italia anche se spende di più che in Croazia o in Grecia.
Gli imprenditori del turismo paiono aver compreso questa semplice verità, e la qualità dell'offerta turistica italiana sta migliorando.

LA GEOGRAFIA DEGLI SCRITTORI CLASSICI

❶

FRANCESCO D'ASSISI

Nasce nel 1182 da una ricca famiglia di Assisi, vicino a Perugia, dove muore nel 1226. Qui non lo ricordiamo per il suo esempio di vita, che attrae cristiani, islamici, buddisti, ebrei, atei allo stesso modo – ma in quanto è uno dei fondatori della letteratura italiana, con il suo *Cantico delle creature*.

❷

DANTE ALIGHIERI

E' il poeta italiano più noto nel mondo. Nato a Firenze nel 1265, morto in esilio a Ravenna nel 1321, è noto nel mondo per la *Divina Commedia*, la più grande sintesi del medioevo europeo, ma è anche autore di sonetti, scrittore di filosofia e politica (*Convivio* e, in latino, *De monarchia*) ed è il primo linguista dell'italiano (*De vulgari eloquentia*), un trattato scritto in latino per spiegare agli intellettuali la sua scelta di usare il "volgare", cioè l'italiano, nelle sue opere poetiche.

❸

FRANCESCO PETRARCA

Nasce ad Arezzo, a sud di Firenze, nel 1304 e muore vicino a Padova a settant'anni, dopo aver vissuto a Venezia, a Milano, in Belgio ed in Francia. Poeta, ma impegnato anche nel dibattito politico, fu il primo intellettuale che possiamo definire "europeo" e il suo influsso sulle letterature di tutto il continente è stato immenso.

❹

GIOVANNI BOCCACCIO

Nasce nel 1313 vicino a Firenze, dove muore nel 1375: è lo scrittore che rivoluziona la letteratura europea dando valore ed importanza alla narrazione in prosa (le 100 novelle, cioè racconti, del *Decameron*) in un mondo medievale dominato dai versi.

❺

TORQUATO TASSO

La sua formazione avviene tra Salerno e Napoli (era nato a Sorrento nel 1544), poi si sposta a Padova dove frequenta la gloriosa università studiando diritto. Nella maturità si sposta a Ferrara, alla magnifica corte degli Estensi, e scrive l'ultimo dei grandi poemi cavallereschi, *Gerusalemme liberata*. Muore a Roma nel 1595.

❻ LUDOVICO ARIOSTO

Nasce a Reggio Emilia nel 1474 ma cresce a Ferrara, dove vive gran parte della sua vita alla splendida corte degli Estensi, al cui servizio resta fino alla morte nel 1533.
E' l'autore del più famoso poema cavalleresco italiano, *Orlando furioso*.

Carlo Goldoni

E' il maggior drammaturgo italiano classico; le sue opere sono in parte scritte in veneziano (nasce a Venezia nel 1707), in parte in italiano (è in questa lingua il suo capolavoro, *La locandiera*), e nell'ultima fase anche in francese, quando si trasferisce a Parigi, dove muore nel 1793. Quattro anni dopo, Napoleone vende agli austriaci la Serenissima Repubblica di Venezia, mettendo fine al mondo descritto da Goldoni.

Alessandro Manzoni

Milanese (vi nasce nel 1785 e vi muore nel 1873) è il creatore del romanzo italiano, con *I promessi sposi* di cui hai letto un brano a pag. 45.
E' anche autore di opere teatrali e di poesie, in gran parte di carattere politico, scritte per diffondere tra tutti gli italiani quel senso di autonomia e indipendenza dagli stranieri che nella prima metà dell'Ottocento si era diffuso nel nord.

Giovanni Verga

Nato e vissuto a Catania (1840-1922), è il primo italiano a capire l'importanza dei romanzieri realisti inglesi e francesi e ad utilizzare la loro tecnica narrativa. Al realismo europeo egli affianca il profondo pessimismo siciliano (che hai visto a pag. 109) in romanzi come *I Malavoglia* e *Mastro Don Gesualdo*.

Giovanni Pascoli

E' il maggior poeta dell'Italia di fine Ottocento, ma ha già in sé tutte le inquietudini del Novecento; è anche il maggiore cantore della Romagna (vi nasce nel 1855; muore a Bologna nel 1912), come hai visto a pag. 62.
E' considerato anche il maggior poeta in latino dei tempi moderni.

LA GEOGRAFIA DEGLI SCRITTORI DEL NOVECENTO

❶ GABRIELE D'ANNUNZIO

Nato a Pescara nel 1863 (a pag. 86 trovi un suo testo sull'Abruzzo) e morto in una casa museo sul lago di Garda nel 1938, è romanziere (*Il fuoco*; *Il piacere*), poeta e drammaturgo, oltre che uomo di grande presenza nel mondo politico tra gli anni della prima guerra mondiale e il ventennio fascista. Ebbe un forte impatto sul dibattito letterario europeo.

❷ LUIGI PIRANDELLO

Siciliano (Agrigento, 1867), vissuto prima a Bonn, in Germania, e poi a Roma (dove muore nel 1936), è il maggior drammaturgo italiano ed è il creatore di quel "teatro dell'assurdo" che dominerà il secondo Novecento nel mondo. E' anche autore di molti racconti di ambientazione siciliana e di due famosi romanzi, *Uno, nessuno, centomila* e *Il fu Mattia Pascal*. Ottenne il premio Nobel nel 1934.

❸ EUGENIO MONTALE

Nato a Genova nel 1896 ma vissuto a Firenze e a Milano (dove muore nel 1981; premio Nobel nel 1975) è uno dei maggiori poeti italiani del Novecento. Fu anche grande giornalista, critico letterario e, soprattutto, critico musicale per il maggior quotidiano italiano, *Il Corriere della Sera*.

❹ ALBERTO MORAVIA

E' il narratore di Roma (1907-1990), dell'alta borghesia di *Gli indifferenti* e degli intellettuali di *La noia* fino ai piccoli borghesi e ai miserabili dei suoi moltissimi racconti. Giornalista, uomo di cinema, fu uno degli intellettuali più influenti nell'Italia del dopoguerra.

❺ CESARE PAVESE

Piemontese (1908-1950), ha ambientato quasi tutta la sua opera di romanziere nelle Langhe, la zona collinare a sud di Torino dove era nato e dove aveva combattuto con i partigiani contro i nazisti durante la seconda guerra mondiale. Ha tradotto in italiano i capolavori della letteratura novecentesca americana, contribuendo a cambiare il gusto letterario degli italiani.

❻ ITALO CALVINO

Nato nel 1923 a Cuba, ma cresciuto a Sanremo, a vent'anni diventa partigiano e combatte contro i nazisti, nel 1967 lascia l'Italia (dove è stato un "guru" editoriale, giornalista, maestro di pensiero e filosofo della letteratura) e va a vivere a Parigi; muore nel 1985. E' autore di racconti, di romanzi e di raccolte di fiabe popolari.

❼ Pier Paolo Pasolini

Nasce a Bologna nel 1922 ma cresce in Friuli e poi vive a Roma, dove viene assassinato nel 1975. Scrittore, poeta, polemista e filosofo, è famoso soprattutto come regista cinematografico, i cui film andavano dal neorealismo degli anni Cinquanta (*Accattone*) fino a film sperimentali che suscitavano insieme l'indignazione dei benpensanti e l'entusiasmo degli intellettuali europei e americani.

❽ Andrea Camilleri

Nato ad Agrigento nel 1925, ha lavorato come sceneggiatore cinematografico e televisivo e come docente al Centro di Cinematografia; poi, da pensionato, ha cominciato a pubblicare i suoi romanzi e le storie poliziesche del commissario Montalbano, diventando lo scrittore italiano più letto degli ultimi quindici anni. Ha inventato una lingua mista italo-siciliana che i suoi lettori, dopo le difficoltà delle prime pagine, considerano il suo capolavoro.

❾ Italo Svevo

E' il romanziere della Trieste legata alla mitteleuropa, quella dell'impero Austro-Ungarico (il suo vero nome era di origine austriaca, Ettore Schmitz). Nato a Trieste (1861-1928) ma vissuto a lungo a Venezia, amico di James Joyce, è uno dei maggiori scrittori del Novecento italiano, anche se per decenni è stato dimenticato, forse perché la sua sofisticata e raffinata scrittura non è adatta ad attrarre le masse...

LA GEOGRAFIA DEGLI ARTISTI

1

LEONARDO DA VINCI

Molti lo considerano il perfetto esempio dell'uomo rinascimentale, che eccelle in tutto: tutti lo conosciamo per la *Gioconda* e il *Cenacolo* di Milano, ma era anche ingegnere (inventò la vite, progettò l'elicottero, la penna a sfera, ecc.), architetto di fortezze militari, di opere di idraulica e controllo dei fiumi, biologo interessato alla struttura e funzione degli organi umani, dello scheletro, dei muscoli... Nato a Vinci, vicino a Firenze, nel 1452, lavorò molto a Milano e Parigi, dove morì nel 1519.

2

MICHELANGELO BUONARROTI

Pittore, scultore, architetto, poeta: come Leonardo, grande esempio dell'uomo rinascimentale, che cerca la completezza. Nato nel 1475 vicino a Firenze, a 26 anni è già famosissimo per la *Pietà* e per il *David*; poco dopo si trasferisce a Roma, dove costruisce la cupola di San Pietro e dipinge, tra l'altro, la Cappella Sistina – ma scrive anche sonetti e trattati. A novant'anni scolpisce la *Pietà Rondanini*, che anticipa di secoli la scultura moderna.

3

RAFFAELLO SANZIO

Nasce ad Urbino nel 1483 e muore, a 37 anni, a Roma, dove aveva dipinto tutti i suoi capolavori e stava iniziando a lavorare anche come architetto. E' il pittore rinascimentale "perfetto", autore di alcuni dei più famosi ritratti – e fu lui ad inventare la posa "a tre quarti" (cioè con la persona leggermente voltata, non vista di fronte) che rimane ancor oggi il modo più diffuso di ritrarre una persona.

4 TIZIANO VECELLIO

Nato vicino a Venezia nel 1488, muore di peste a 88 anni, ancora attivissimo. Mentre la pittura fiorentina era basata sulla linea, sul disegno accurato, Tiziano è il rappresentante della pittura veneziana, tutta legata al colore, alle grandi masse di luci e di buio, che in parte anticipano l'impressionismo francese dell'Ottocento. I suoi ritratti sono non solo "foto" ma anche indagini psicologiche, come se Tiziano dipingesse non solo il corpo ma anche l'anima delle persone.

5

GIAN LORENZO BERNINI

Nasce a Napoli nel 1598 e muore a Roma, la città dove ha lavorato di più, nel 1680. E' il massimo architetto barocco italiano (il suo progetto più celebre è il colonnato di Piazza San Pietro), e proprio per questo fu chiamato dal Re Sole a progettare la sua reggia, prima al Louvre e poi a Versailles. Fu anche un grande scultore.

❻ CARAVAGGIO (MICHELANGELO MERISI)

Nato a Milano nel 1571 e morto in Sicilia nel 1610, dopo una vita avventurosa da "genio e sregolatezza" come molti artisti romantici e del mondo rock. E' il maggior pittore barocco e riporta nei suoi contrasti tra luce ed ombra i drammatici contrasti del suo tempo, la crisi economica mondiale, la peste, le guerre di religione.

❼ AMEDEO MODIGLIANI

Livornese, nato nel 1884, muore a 36 anni a Parigi, dove partecipa alla grande rivoluzione della pittura cubista e "primitiva" influenzata dall'arte africana. Pittore e scultore, è famoso per i molti ritratti, soprattutto femminili, con le figure allungate.

❽ RENATO GUTTUSO

Nato vicino a Palermo nel 1912, è un pittore "siciliano" nel senso che spesso le figure e i colori di questa regione sono i protagonisti della sua pittura realistica, che vuole "raccontare", contraria ad ogni astrattismo. Fu anche molto impegnato politicamente nel Partito Comunista. Morì a Roma nel 1987.

LA GEOGRAFIA DEI MUSICISTI CLASSICI

❶ CLAUDIO ABBADO

Nato a Milano nel 1933, è uno dei grandi direttori d'orchestra del Novecento: ha diretto le orchestre della Scala di Milano, di Chicago, di Londra, di Vienna, ed è stato il successore di Von Karajan alla direzione dei Berliner Philarmoniker. Ha fondato l'Orchestra Giovanile Europea.

❷ VINCENZO BELLINI

Nato a Catania nel 1801 e morto in Francia a 34 anni, è uno dei grandi del melodramma romantico italiano. Le sue opere più famose sono *Norma* e *La sonnambula*.

❸ GAETANO DONIZETTI

Nato a Bergamo nel 1797 e morto nel 1848, scrisse 70 opere, tra cui *L'Elisir d'amore* e *Lucia di Lammermoor*. Grande esponente del Romanticismo, fu chiamato a Parigi da Gioacchino Rossini, e compose anche opere con testi francesi. È l'ultimo grande esponente della tradizione dell'opera buffa.

❹ CLAUDIO MONTEVERDI

Nato a Cremona nel 1567, fu anzitutto il teorico della musica che guidò il passaggio dalla musica cinquecentesca a quella barocca e, più in generale, alla musica moderna. Trasferitosi a Venezia (dove morì nel 1643), scrisse vari melodrammi e molta musica religiosa.

❺ LUCIANO PAVAROTTI

E' il più famoso tenore del secondo Novecento; nato a Modena nel 1935, vive tra New York e le Marche, e ogni anno organizza a Modena il grande concerto di musica lirica e rock *Pavarotti and friends*, trasmesso dalle televisioni di tutto il mondo per raccogliere fondi per beneficenza.

❻ GIACOMO PUCCINI

Nato a Lucca nel 1858, è l'inventore dell'opera lirica moderna, aperto all'influenza della musica del primo Novecento. Le sue opere spaziano dal Giappone (*Madame Butterfly*) e dalla Cina (*Turandot*), alla Francia (*Manon, La Bohème*) e all'America (*La fanciulla del West*).

❼ GIOACCHINO ROSSINI

Nato a Pesaro nel 1792 e morto a Parigi nel 1868, fu per decenni il re del melodramma europeo e fu lui a segnare il passaggio dall'opera settecentesca a quella del secolo d'oro del melodramma. Il suo capolavoro è *Il barbiere di Siviglia*. E' anche autore di musica sacra.

❽ ARTURO TOSCANINI

E' il più famoso direttore d'orchestra di tutti i tempi, noto per il ritmo veloce che imponeva alle sue orchestre. Nato a Parma nel 1867 e morto a New York nel 1957, ha diretto le prime esecuzioni mondiali delle maggiori opere e sinfonie scritte durante gli anni del suo "regno" artistico.

❾ GIUSEPPE VERDI

Nato vicino a Parma nel 1813 e morto a Milano nel 1901, è il più grande compositore d'opera in stile italiano (contrapposto, per il suo gusto della melodia e della cantabilità, all'opera tedesca di Wagner).
I suoi capolavori, ancor oggi, sono presenti ogni anno nei programmi di tutti i teatri lirici del mondo; sono troppi per elencarli, per cui basterà citare *La traviata, Falstaff, Otello, Aida*.

❹ ANTONIO VIVALDI

Nato a Venezia nel 1678 e morto a Vienna nel 1741, è il creatore del concerto barocco: ne ha scritti 478! Il suo nome è legato a *Le quattro stagioni*, ma è autore anche di molta musica sacra e di cantate. Il suo stile pulito è inconfondibile e può trarre in inganno, dando la sensazione di musica semplice e facile, mentre è assai complessa e di difficilissima esecuzione.

LA GEOGRAFIA DELLA MUSICA D'AUTORE

❶ Claudio Baglioni

Nato a Roma nel 1951, ha tenuto viva la grande tradizione italiana del canto melodico e intimista, fondendola con la voce e il modo di cantare del rock. Ancora oggi continua a riempire gli stadi italiani di migliaia di fan. La sua canzone più famosa è *Questo piccolo grande amore*, del 1972.

❷ Lucio Battisti

Nato a Rieti nel 1943 e morto a Milano nel 1998, è stato il re della canzone italiana degli anni Sessanta-Ottanta, scrivendo e cantando canzoni che fanno parte integrante della cultura italiana, anche di quella dei giovanissimi nati dopo il suo ritiro dalle scene a metà degli anni Settanta. Molto del fascino delle sue canzoni sta nei testi, opera di Mogol, il "paroliere" (come sono chiamati gli autori dei versi delle canzoni) più famoso d'Italia.

❸ Adriano Celentano

Nato a Milano nel 1938, nel 1961 sconvolse gli spettatori del festival di Sanremo cantando, in pieno stile rock, *Con 24 mila baci*. Ha scritto decine di canzoni famosissime, spesso molto provocatorie sia nei testi che nella musica - ma è anche regista, attore, uomo di spettacolo in senso pieno.

❹ Lucio Dalla

Jazzista e cantautore bolognese (nato nel 1943), ha scritto canzoni dai testi spesso provocatori che tutti gli italiani conoscono; recentemente ha riproposto una versione rock di *Tosca*, riprendendo la storia già musicata da Puccini all'inizio del Novecento.

❺ Fabrizio De Andrè

Nato a Genova nel 1940 e morto nel 1999, è il maggior cantautore-letterato italiano: i suoi testi sono in molte antologie letterarie e sono noti a tutti, anche ai giovanissimi. Ha scritto ballate, spesso molto classiche, provocatorie nel secolo del rock - ma con una carica poetica e una raffinatezza senza paragoni. Ha usato l'italiano classico ma anche quello volgare, nonché vari dialetti italiani.

6 MINA

Il suo vero nome è Anna Maria Mazzini, ma è nota a tutti come Mina: è la voce dell'Italia dal 1958 in poi. Non ha scritto canzoni, ma ha cantato quasi mille titoli in una produzione artistica che non ha eguali e che continua dopo che, nel 1978, al culmine del successo, si è ritirata dalle scene per non tornarvi mai più, anche se ogni anno incide un disco in cui alterna classici e jazz, canzoni nuove di autori sconosciuti ai classici dei cantautori italiani.

7 MASSIMO MODUGNO

Nato nel 1928 e morto nel 1994, è il padre dei cantautori italiani e fu il primo "urlatore" della nostra musica leggera, quando lanciò *Nel blu dipinto di blu*, nota in tutto il mondo come *Volare*.
È autore di canzoni dolcissime ma anche aspre e dure, nonchè delle musiche di alcune commedie musicali.

8 VASCO ROSSI

Modenese (nato nel 1952) è il simbolo del rock italiano: a cinquant'anni riesce a riempire gli stadi di adolescenti che sentono nei suoi testi l'espressione del loro modo di vivere, di pensare, di affrontare il mondo.
A differenza di molti cantautori, intimisti e introversi, rappresenta il rock ribelle e disperato.

LA GEOGRAFIA DEI FILOSOFI E DEGLI SCIENZIATI

❶ Giambattista Vico

Nato e vissuto a Napoli (1668-1744), è un filosofo che si stacca dal cristianesimo e anticipa gli illuministi e i positivisti. Convinto che si possa sapere solo quello che si è fatto e che si fa, diventa uno dei grandi filosofi della storia, che lui vede come il continuo ripetersi di tre cicli dominati prima dalla religione, poi dagli eroi, e infine dalla ragione.

❷ Guglielmo Marconi

Nato a Bologna nel 1874 e morto a Roma nel 1937, è l'inventore della trasmissione senza fili, dal telegrafo alla radio: avcva solo 35 anni quando ricevette una delle prime edizioni del Premio Nobel per la fisica. Il mondo moderno non sarebbe come lo conosciamo senza le invenzioni e gli studi di Guglielmo Marconi.

❸ Niccoló Machiavelli

E' il più famoso filosofo della politica e del potere – ancor oggi in moltissime lingue esiste l'aggettivo *machiavellico* per indicare un modo di gestire il potere che tiene conto solo degli scopi, accettando qualunque mezzo per raggiungerli. Visse alla corte dei Medici, a Firenze, tra il 1469 e il 1527.

❹ Margherita Hack

Nata a Firenze nel 1922, ha vissuto soprattutto a Trieste, dove ha diretto per decenni l'osservatorio astronomico. L'Italia ha una grande tradizione nello studio della fisica, e la Hack ha saputo legare lo studio teorico all'attività di divulgazione, di spiegazione della fisica a non specialisti.

❺ Galileo Galilei

Nato a Pisa nel 1564 e morto nel 1642, è il padre della scienza moderna, basata sul "metodo galileiano" di osservazione, creazione di ipotesi e loro sperimentazione controllata. Fu non solo un teorico della scienza ma anche un fisico, inventò il telescopio, studiò le regole del movimento dei corpi, definendo molti dei principi che qualunque studente ha imparato negli anni del liceo.

❻ Enrico Fermi

Nato a Roma nel 1901 (dove fece crescere un gruppo di allievi che poi divennero tutti importanti scienziati) e morto a Chicago nel 1954 (era emigrato in America a seguito delle leggi razziali di Mussolini), Fermi è uno dei grandi della fisica del Novecento, cui ha contribuito con gli studi sull'energia nucleare. Ottenne il Premio Nobel a 37 anni.

❼ Benedetto Croce

Nato in Molise nel 1866 e morto a Napoli nel 1952, fu filosofo idealista, storico, teorico della letteratura – ma fu anche impegnato nella gestione diretta del Ministero dell'Istruzione, sia prima del fascismo sia dopo la sua caduta.

❽ Cesare Beccaria

Milanese (1738-94) di cultura illuminista francese, fu letterato ed economista, ma è famoso soprattutto come filosofo del diritto: il suo *Dei delitti e delle pene* fu uno dei primi trattati in cui si nega allo Stato il diritto di condannare a morte i cittadini: se pensi che il libro è del 1764, puoi capire la forza innovativa di questo filosofo.

❾ Alessandro Volta

Nato e vissuto tra Como e Milano (1745-1827), è il fisico che ha dato il suo nome ad una delle unità di misura dell'elettricità, il *volt*. Fu tra i primi a studiare sistematicamente l'elettricità e nel 1800 fece un'invenzione che ancor oggi abbiamo in più esemplari in borsa, sul tavolo, tra le mani: la pila.

LA GEOGRAFIA DEL CINEMA ITALIANO

❶ FEDERICO FELLINI

Nato a Rimini nel 1920 e morto a Roma nel 1993 è il più famoso regista italiano. Inizia con film di tipo neorealista, come *La strada* (1954), ma è con il suo cinema visionario che conquista il mondo, da *Otto e mezzo* (1963) a *Roma* (1972) fino al suo capolavoro, *Amarcord* (1973) in cui ricostruisce la magia dell'infanzia e della giovinezza in Romagna.

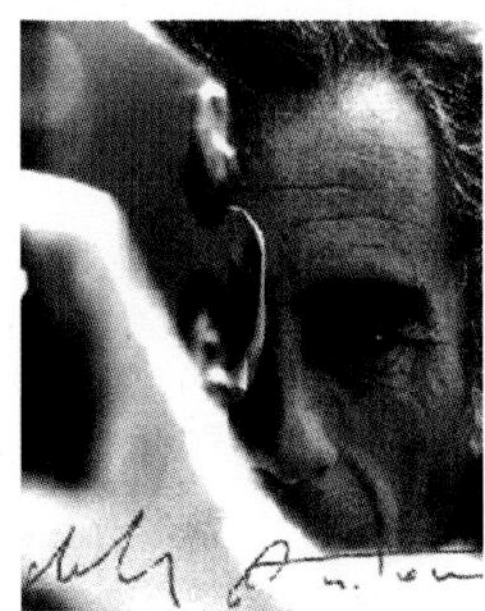

❷ MICHELANGELO ANTONIONI

Nato a Ferrara nel 1912, ha iniziato con alcuni film neorealisti ma poi è diventato famoso come il regista dell' "alienazione", cioè della difficoltà di comunicare, di capire il mondo in cui si vive. I suoi film più importanti sono *La notte* (1961), *L'eclisse* (1962), *Blow up* (1967) e *Zabrinskie Point* (1973), celebri non solo per la loro profondità di contenuto, ma anche per la sperimentazione nella forma e nella tecnologia applicata al cinema.

❸ SERGIO LEONE

Leone era romano (1929-89) ma i suoi film sono i meno italiani tra tutti quelli citati in queste pagine. Infatti il suo successo fu legato all'inizio agli "spaghetti western", come *Per un pugno di dollari* (1964) o *C'era una volta il West* (1969), e il titolo del suo capolavoro, *C'era una volta in America* (1984) mostra che il suo cuore è sempre stato oltre l'atlantico.

❹ LUCHINO VISCONTI

Discendente della nobile famiglia Visconti, duchi di Milano, nasce nella capitale lombarda nel 1906, anche se passa la sua vita soprattutto a Roma, dove muore nel 1976. Regista teatrale, soprattutto di opere liriche, oltre che cinematografico. Diresse capolavori del neorealismo come *Ossessione* (1943), *La terra trema* (1948) in siciliano, *Rocco e i suoi fratelli* (1960), ma è famoso per le sue ricostruzioni del mondo ottocentesco, prima in *Senso* (1954) e poi nel suo capolavoro, *Il gattopardo* (1963) e in *Morte a Venezia* (1971).

❺ VITTORIO DE SICA

Nato a sud di Roma nel 1901, inizia come attore teatrale e cinematografico e diventa regista (senza smettere di recitare) dopo la guerra, firmando alcuni capolavori del neorealismo come *Sciuscià* (1946), *Ladri di biciclette* (1948), *Miracolo a Milano* (1950). Dirige e recita anche in molti film brillanti e in commedie all'italiana, ma è con *La ciociara* (1963) che diventa famoso in tutto il mondo. Muore a Parigi nel 1974.

8 Gabriele Salvatores

Salvatores nasce a Napoli nel 1950, è regista sia teatrale sia cinematografico. La sua creazione più famosa è la cosiddetta "trilogia della fuga", cioè tre film che descrivono i tentativi di fuggire dalla banalità della vita quotidiana *Marrakech Express* (1989); *Mediterraneo* (1991), Premio Oscar; *Puerto Escondido* (1992), ma sono importanti anche *Sud* (1993) e *Amnèsia* (2002). È un regista discreto, che tiene un profilo basso, contrario allo star system, ma di grandissima profondità di contenuto e capacità di raccontare con le immagini.

6 Roberto Rossellini

Nasce a Roma nel 1906. Firma alcuni dei capolavori del neorealismo con *Roma città aperta* (1945), *Paisà* (1946) e *Germania anno zero* (1948), per poi passare a una serie di film di carattere psicologico sullo stile del cinema francese degli anni Sessanta. Poco prima di morire gira un film storico che molti considerano il suo capolavoro, anche se non è un "film" nel senso tradizionale della parola, *La presa di potere di Luigi XIV*.

7 Nanni Moretti

Nasce a Brunico, a nord di Bolzano, nel 1953, ed è sia attore sia regista. I suoi film, spesso grotteschi, sono ritratti della società italiana dagli anni Ottanta in poi: *Ecce bombo* (1978), *Bianca* (1983), *Palombella rossa* (1989). Molto impegnato sul piano sociale e politico, che sembrava costituire la fonte primaria della sua ispirazione, ha sorpreso tutti nel 2002 con un film psicologico, che molti ritengono il suo capolavoro, *La stanza del figlio*.

9 Carlo Verdone

Nato a Roma nel 1950, inizia come attore comico nella tradizione della commedia all'italiana, basata sull'uso del romanesco e sulla risata facile. Poi si evolve e, senza smettere di essere in apparenza un regista-attore comico, diventa sempre più amaro sia nel riflettere sulla vita *Compagni di scuola* (1988) sia nel descrivere lo squallore della vita quotidiana nelle grandi città *Un sacco bello* (1980), *Viaggi di nozze* (1995). A differenza di Fellini, Antonioni, Visconti, De Sica, difficilmente Verdone potrà vincere un premio Oscar perché i suoi film sono troppo "italiani" e quindi difficilmente comprensibili a stranieri.

GLOSSARIO ILLUSTRATO

∧ ■ Fiume

∧ ■ Lago

∧ ■ Isola

∧ ■ penisola

∧ ■ Foce a delta

∧ ■ foce a estuario

∧ ■ Costa rocciosa

∧ ■ Costa sabbiosa (spiaggia)

∧ ■ Montagna

∧ ■ Collina

< ■ Pianura

< ■ Baia

∧ ■ Ghiacciaio

∧ ■ Cascata

∧ ■ Ferrovia

∧ ■ Strada

∧ ■ Autostrada

∧ ■ Porto

∧ ■ Ponte

∧ ■ Bosco, foresta

∧ ■ Macchia mediterranea

∧ ■ Diga

∧ ■ Golfo

Finito di stampare nel mese di giugno 2006
da Guerra guru s.r.l. - Via A. Manna, 25 - 06132 Perugia
Tel. +39 075 5289090 - Fax +39 075 5288244
E-mail: geinfo@guerra-edizioni.com